FORSCHUNGSBERICHTE DES LANDES NORDRHEIN-WESTFALEN
Nr. 2119

Herausgegeben im Auftrage des Ministerpräsidenten Heinz Kühn
von Staatssekretär Professor Dr. h. c. Dr. E. h. Leo Brandt

Dipl.-Phys. Siegmar Schultz

Aerodynamisches Institut der Rhein.-Westf. Techn. Hochschule Aachen
Direktor: Professor Dr. phil. Alexander Naumann

Über die Ausbreitung von Stoßwellen in abgeknickten und verzweigten Rohren

SPRINGER FACHMEDIEN WIESBADEN GMBH 1970

ISBN 978-3-663-20064-2   ISBN 978-3-663-20422-0 (eBook)
DOI 10.1007/978-3-663-20422-0
Verlags-Nr. 012119

© 1970 by Springer Fachmedien Wiesbaden
Ursprünglich erschienen bei Westdeutscher Verlag GmbH, Köln und Opladen 1970
Gesamtherstellung: Westdeutscher Verlag

Inhalt

1. Einleitung 5
2. Stoßtheorie 5
   2.1 Grundlagen 5
   2.2 Akustische Näherung 7
   2.3 Wellen endlicher Amplitude, eindimensionale Charakteristikentheorie 7
   2.4 Der ebene Verdichtungsstoß 9
3. Wechselwirkungen von ebenen Wellen und Stößen; Randbedingungen 9
   3.1 Orthogonale Reflexion eines ebenen Stoßes 9
   3.2 Reflexion eines ebenen Stoßes an schräger Wand 10
   3.3 Wechselwirkung zwischen Stößen und Kontaktflächen 11
   3.4 Stoßreflexion am offenen Ende 12
4. Theorie für nichteindimensionale Stoßvorgänge 13
   4.1 Akustische Näherung, HUYGENSsches Prinzip 13
   4.2 Pseudostationärität 13
   4.3 Beugung von Stößen endlicher Amplitude 14
5. Versuchsaufbau 14
   5.1 Versuchsanlage 14
   5.2 Grundaufbau für optische Untersuchungen 16
   5.3 Zusammenhang zwischen Brechzahl und Dichte
       und die angewandten optischen Verfahren 16
   5.4 Druckmessung 17
6. Versuchsauswertung 18
   6.1 Bestimmung der Stoß-MACH-Zahl bei pseudostationären
       Beugungsvorgängen 18
   6.2 Bestimmung der Druck- und Dichteverteilung längs der gebeugten Stoßfront 19
   6.3 Das Dichtefeld im Beugungsgebiet und Vergleich mit 6.2 ... 20
7. Zeitliche Entwicklung der Stoßausbreitung in Rohrverzweigungen 20
   7.1 Stoßbeugung und -reflexion 21
   7.2 Wechselwirkung eines Stoßes mit einem freien Wirbel 21
   7.3 Wechselwirkung eines Stoßes mit einem gebundenen Wirbel .. 23
   7.4 Vergleich der untersuchten Anordnungen
       und Verallgemeinerung auf beliebige Rohrverzweigungen ... 23
   7.5 Vergleich mit bekannten Messungen 25
8. Zusammenfassung 27
9. Literatur 28

Anhang 31
a) Tafeln 31
b) Abbildungen 38

1. Einleitung

Eine Stoßwelle kann in einem geraden Rohr konstanten Querschnitts und konstanter Querschnittsform nach hinreichend langer Laufstrecke als eben angesehen werden. Zur Berechnung der Zustandsänderungen über die Stoßfront hinweg genügen eindimensionale Betrachtungen. Unstetige Querschnittsänderungen, wie sie an Stellen von Rohrverzweigungen auftreten, stellen einen wesentlichen Eingriff in die Randbedingungen der laufenden Stoßwelle dar, die Stoßausbreitung ist hierbei exakt nur bei wenigstens zweidimensionaler Betrachtung rechnerisch erfaßbar. Jedoch gilt auch hier, daß mit wachsender Entfernung von der Verzweigungsstelle die Wellenbewegungen senkrecht zur Rohrachse abklingen und nur noch solche in Richtung der Rohrachse wesentlich bleiben. Unter Verzicht auf den Ausbreitungsvorgang in Nähe der Verzweigungsstelle können also wieder eindimensionale Näherungsmethoden mit Erfolg angewandt werden [14, 15, 16, 18].

Die exakte Rechnung stößt auf sehr große Schwierigkeiten. Schon der einfachste Fall, die Beugung einer ebenen Stoßwelle an einer abgeknickten Wand, wobei eine Verdünnungswelle stromauf in das Medium hinter dem Stoß läuft, führt auf das Kernproblem, nämlich die Frage nach der Lage und der Intensität der gebeugten Stoßfront. Ist diese Frage gelöst, so ist die Berechnung der Zustände im Gebiet zwischen gebeugter Stoßfront und Verdünnungswelle möglich [7, 12].

In dieser Arbeit wird gerade der Anlaufvorgang der Stoßausbreitung in Rohrverzweigungen näher untersucht. Dazu dienen in der Hauptsache optische Meßmethoden, da nur diese eine hinreichende Information über die zeitliche Entwicklung der Stoßausbreitung im gesamten interessierenden Bereich bieten können. Einige Druckmessungen liefern quantitative Anhaltswerte und erlauben einen Vergleich mit Rechnungen und Versuchsergebnissen an geraden Querschnittsänderungen von DREIZLER [15, 16].

Im ersten Teil der Arbeit werden kurz die theoretischen Grundlagen zum Verständnis der Einzelvorgänge dargestellt, im zweiten Teil dann die Versuchsergebnisse und deren Diskussion.

2. Stoßtheorie

2.1 Grundlagen

Die Behandlung instationärer Wellen- und Stoßvorgänge geht von folgenden Voraussetzungen aus. Solange die Zustandsänderungen stetig sind, können sie als reversibel behandelt werden (Reibung und Wärmeleitung vernachlässigbar klein). Bei den mäßigen Gastemperaturen in den Experimenten dieser Arbeit kann die verwandte Luft als perfektes Gas angesehen werden, d. h., es gilt die Zustandsgleichung für ideale Gase mit $\varkappa = c_p/c_v =$ konstant.

Die Grundlagen stellen die Erhaltungssätze von Masse, Impuls und Energie, sowie der II. Hauptsatz der Thermodynamik und eine Zustandsgleichung dar.

Für stetige Zustandsänderungen können sie in differentieller Form geschrieben werden als

$$\frac{\partial \varrho}{\partial t} + \operatorname{div} \varrho \, \mathfrak{w} = 0 \qquad (1) \quad \text{Erhaltungssatz der Masse}$$

$$\frac{\partial \mathfrak{w}}{\partial t} + (\mathfrak{w} \operatorname{grad}) \mathfrak{w} + \frac{1}{\varrho} \operatorname{grad} p = 0 \qquad (2) \quad \text{Erhaltungssatz des Impulses}$$

(3) Erhaltungssatz der Energie

$$\varrho \frac{\partial e'}{\partial t} + (\mathfrak{w} \operatorname{grad}) e' + \operatorname{div}(p \, \mathfrak{w}) = 0 \qquad \text{mit } e' = e + \frac{w^2}{2}.$$

$$\frac{\partial s}{\partial t} + (\mathfrak{w} \operatorname{grad}) s = 0 \qquad (4) \quad \text{Erhaltungssatz der Entropie}$$

$$e = c_v T \qquad (5) \quad \text{Kalorische Zustandsgleichung}$$

Für unstetige Zustandsänderungen wie über Stoßfronten und Kontaktflächen hinweg existieren keine Differentialquotienten. Hier können nur die Integralformen der Erhaltungssätze Anwendung finden. Der II. Hauptsatz lautet dann: $\Delta s \geq 0$. Zweckmäßig zerlegt man die Geschwindigkeiten je in eine Komponente in Richtung der Diskontinuitätsfläche und eine senkrecht dazu. Dann lauten die Erhaltungssätze nach einer GALILEI-Transformation

$$\varrho_2 w_{2n} = \varrho_1 w_{1n} \qquad (6) \quad \text{Erhaltungssatz der Masse}$$

$$p_2 + \varrho_2 w_{2n}^2 = p_1 + \varrho_1 w_{1n}^2 \qquad (7a) \quad \text{Erhaltungssatz des Impulses (Normalkomponente)}$$

$$\varrho_2 w_{2n} w_{2t} = \varrho_1 w_{1n} w_{1t} \qquad (7b) \quad \text{Erhaltungssatz des Impulses (Tangentialkomponente)}$$

(8) Erhaltungssatz der Energie

$$\frac{1}{2}(w_{2n}^2 + w_{2t}^2) + i_2 = \frac{1}{2}(w_{1n}^2 + w_{1t}^2) + i_1 = i_0 \qquad \text{mit } i = e + \frac{p}{\varrho}$$

$$\varrho_2 w_{2n} s_2 \geq \varrho_1 w_{1n} s_1 \qquad (9) \quad \text{II. Hauptsatz}$$

Kontaktflächen zeichnen sich dadurch aus, daß durch sie kein Massentransport stattfindet, d. h. $w_{2n} = w_{1n} = 0$. Dann folgt aus Gl. (6): ϱ_2 und ϱ_1 beliebig; aus dem Impulssatz folgt: $p_2 = p_1$ und w_{2t} und w_{1t} beliebig. Ist $w_{2t} \neq w_{1t}$, so wirkt die Kontaktfläche als Trennungsfläche zwischen zwei Gasströmen, die übereinander weggleiten. Stoßfronten dagegen werden von Teilchen durchströmt. Aus der Tangentialkomponente des Impulssatzes und Gl. (6) folgt dann $w_{2t} = w_{1t}$, d. h. Geschwindigkeitsänderungen geschehen stets nur senkrecht zur Stoßfront. Aus dem Energiesatz folgt, daß die Ruheenthalpie i_0 über den Stoß hinweg erhalten bleibt. Für den senkrechten Stoß lassen sich leicht die Geschwindigkeiten w_{2n}, w_{1n} eliminieren; es existieren dann für zwei Größen w_{2n} und w_{1n} drei Gleichungen, was bedeutet, daß die Determinante

$$\begin{vmatrix} \varrho_2^2 & -\varrho_1^2 & 0 \\ \varrho_2 & -\varrho_1 & p_1 - p_2 \\ 1 & -1 & 2(i_1 - i_2) \end{vmatrix}$$

verschwinden muß. (Dazu wird Gl. (6) quadriert.)

Damit erhält man unmittelbar die HUGONIOT-Beziehung

$$p_2 - p_1 = 2 \frac{\varrho_2 \varrho_1}{\varrho_2 + \varrho_1} (i_2 - i_1) \qquad (10)$$

die an Stelle der Isentropenbeziehung für stoßhafte Zustandsänderungen gilt. Im Grenzfall verschwindend kleiner Stöße geht die HUGONIOT-Beziehung in die Isentropenbeziehung über. Dieser Grenzfall wird durch die akustische Näherung dargestellt.

2.2 Akustische Näherung

Aus den differentiellen Erhaltungssätzen (1) bis (5) erhält man unter der Voraussetzung $\mathfrak{w}$, grad $\mathfrak{w}$, grad p klein und unter Vernachlässigung von Größen, die klein sind von II. Ordnung mit $\varrho = \varrho_0 + d\varrho$

$$\frac{\partial \varrho}{\partial t} + \varrho_0 \operatorname{div} \mathfrak{w} = 0 \qquad (11) \quad \text{aus Kont. Gl. (6)}$$

$$\frac{\partial \mathfrak{w}}{\partial t} + \frac{1}{\varrho} \operatorname{grad} p = \frac{\partial \mathfrak{w}}{\partial t} + \frac{1}{\varrho} \frac{\partial p}{\partial \varrho} \operatorname{grad} \varrho = 0 \qquad (12) \quad \text{aus EULER-Gl. (2)}$$

Aus (11) und (12) folgt

$$\frac{\partial^2 \varrho}{dt^2} - \frac{\partial p}{\partial \varrho} \Delta \varrho = 0 \qquad (13)$$

Dies ist eine Wellengleichung für ϱ mit der Ausbreitungsgeschwindigkeit $a_0 = \sqrt{\frac{\partial p}{\partial \varrho}\bigg)_s}$ von Dichtestörungen. In dieser Näherung haben alle Störungen dieselbe Ausbreitungsgeschwindigkeit a_0. Um einen Einblick in das Wellensystem bei der Stoßausbreitung zu bekommen, wird später auf diese Näherung zurückgegriffen.

2.3 Wellen endlicher Amplitude, eindimensionale Charakteristikentheorie

Für Wellen endlicher Amplitude trifft das Ergebnis der akustischen Näherung, nämlich konstante Ausbreitungsgeschwindigkeit a_0 für alle Störungen, nicht mehr zu, weil der Term $(\mathfrak{w} \operatorname{grad}) \mathfrak{w}$ nicht mehr gegenüber den anderen Termen der EULERschen Gleichung vernachlässigbar ist.

Übersichtlich ist nur die eindimensionale Behandlung instationärer Wellenvorgänge an Hand der Charakteristikentheorie. Für eine in x-Richtung laufende, ebene Welle lauten die Ausgangsgleichungen

$$\frac{\partial \varrho}{\partial t} + \frac{\partial (\varrho u)}{\partial x} = 0 \qquad (1') \quad \text{Kontinuitätsgleichung}$$

$$\frac{\partial u}{\partial t} + u \frac{\partial u}{\partial x} + \frac{1}{\varrho} \frac{\partial p}{\partial x} = 0 \qquad (2') \quad \text{EULERsche Gleichung}$$

Die Welle sei stetig, dann können die Zustandsänderungen als reversibel, d. h. isentropisch behandelt werden. Somit wird

$$\frac{1}{\varrho} \frac{\partial p}{\partial x} = \frac{1}{\varrho} \frac{\partial p}{\partial \varrho}\bigg)_s \cdot \frac{\partial \varrho}{\partial x} = \frac{1}{\varrho} a^2 \frac{\partial \varrho}{\partial x} \qquad (2')$$

Kont. Gl. (1′) mit $\frac{a}{\varrho}$ multipliziert und zu (2′) addiert bzw. subtrahiert ergibt zwei Gleichungen

$$\frac{\partial u}{\partial t} \pm \frac{a}{\varrho}\frac{\partial \varrho}{\partial t} + (u \pm a)\left(\frac{\partial u}{\partial x} \pm \frac{a}{\varrho}\frac{\partial \varrho}{\partial x}\right) = 0 \tag{14}$$

Diese lassen sich auch schreiben als

$$\frac{\partial(u \pm l)}{\partial t} + (u \pm a)\frac{\partial}{\partial x}(u \pm l) = 0, \quad \text{wobei} \quad \frac{a}{\varrho}\partial\varrho = \partial l \rightarrow l(\varrho) = \int_{\varrho_0}^{\varrho}\frac{a}{\varrho'}d\varrho'$$

$l(\varrho)$ ist eine Zustandsfunktion von ϱ und im allgemeinen auch der spezifischen Entropie s. Führt man die Substitution $u + l(\varrho) = P$, $u - l(\varrho) = Q$ ein, so schreiben sich die vorigen Gleichungen als

$$\frac{\partial P}{\partial t} + (u + a)\frac{\partial P}{\partial x} = 0 \rightarrow dP = 0 \quad \text{für} \quad \frac{dx}{dt} = u + a \tag{15} \quad \text{rechtslaufende Welle}$$

$$\frac{\partial Q}{\partial t} + (u - a)\frac{\partial Q}{\partial x} = 0 \rightarrow dQ = 0 \quad \text{für} \quad \frac{\partial x}{\partial t} = u - a \tag{16} \quad \text{linkslaufende Welle}$$

Die Größen P und Q sind also Invarianten längs Linien $\frac{dx}{dt} = u + a$ bzw. $\frac{dx}{dt} = u - a$ in der x, t-Ebene (RIEMANNsche Invarianten). Für ideale Gase und isentrope Zustandsänderungen kann die Integration von dl ausgeführt werden. Aus

$$a^2 = \varkappa\frac{p}{\varrho} = C\varkappa\varrho^{\varkappa-1} \text{ folgt } 2a\,da = C\varkappa(\varkappa-1)\varrho^{\varkappa-2}d\varrho = (\varkappa-1)\frac{a^2}{\varrho}d\varrho$$

also

$$\frac{a}{\varrho}d\varrho = \frac{2}{\varkappa - 1}da = dl \rightarrow l = \frac{2a}{(\varkappa - 1)}$$

Somit erhält man für die RIEMANNschen Invarianten

$$P = u + \frac{2a}{\varkappa - 1} \rightarrow dP = du + \frac{2}{\varkappa - 1}da \rightarrow dP = 0 \quad \text{längs} \quad \frac{da}{du} = -\frac{\varkappa - 1}{2}$$

$$Q = u - \frac{2a}{\varkappa - 1} \rightarrow dQ = du - \frac{2}{\varkappa - 1}da \rightarrow dQ = 0 \quad \text{längs} \quad \frac{da}{du} = +\frac{\varkappa - 1}{2}$$

Den Charakteristiken $P = $ konst., $Q = $ konst. in der x, t-Ebene entsprechen also in der u, a-Ebene Charakteristiken mit der Steigung $\frac{da}{du} = \mp\frac{\varkappa - 1}{2}$. Alle Zustände, die durch eine rechtslaufende Welle erzeugt werden, liegen auf Charakteristiken $P = $ konst., entsprechend umgekehrt alle Zustände, die von einer linkslaufenden Welle erzeugt werden, auf Linien $Q = $ konst. Die Zustände einer reinen rechtslaufenden Welle liegen also auf ein und derselben Q-Charakteristik.

Die Charakteristiken P_0, P_1 usw. haben gemäß $\left(\frac{dx}{dt}\right)_{P_i = \text{konst}} = u_i + a_i$ verschiedene Steigungen im x, t-Diagramm. Dies führt unter Umständen zu Schnittpunkten der Charakteristiken. Da aber zwei verschiedene Zustände nicht gleichzeitig am selben Ort herrschen können, stellt offenbar der Schnittpunkt zweier gleichlaufender Charakteristiken einen Zustand dar, der mit den gemachten Voraussetzungen nicht verträglich ist. Dieser Zustand ist ein Verdichtungsstoß; der Prozeß der stoßhaften Verdichtung ist nicht isentropisch.

2.4 Der ebene Verdichtungsstoß

Für fünf Unbekannte, $p, \varrho, i, u, w_{\text{Stoß}}$, stehen vier Gleichungen, die drei Erhaltungssätze von Masse, Impuls und Energie in Form von Gl. (6) bis (9) sowie die thermische Zustandsgleichung für perfekte Gase $p = \varrho\, RT$ zur Verfügung. Eine Größe ist somit als Parameter frei wählbar. Es bieten sich hierfür zwei relativ gut meßbare Größen an, die Stoßstärke p_2/p_1* oder die Stoß-MACH-Zahl $M_{\text{st}} = \dfrac{w_{\text{Stoß}}}{a_1}$; daraus erhält man mit der Abkürzung $\mu^2 = \dfrac{\varkappa - 1}{\varkappa + 1}$

$$M_{\text{st}} = \frac{w_{\text{st}}}{a_1} = \sqrt{\frac{p_2/p_1 + \mu^2}{1 + \mu^2}} \tag{17}$$

$$\frac{p_2}{p_1} = M_{\text{st}}^2 (1 + \mu^2) - \mu^2 \tag{18}$$

$$\frac{u_2}{a_1} = \left(\frac{p_2}{p_1} - 1\right)(1 - \mu^2)\sqrt{\frac{1}{\left(\dfrac{p_2}{p_1} + \mu^2\right)(1 + \mu^2)}} = \frac{(1 - \mu^2)(M_{\text{st}}^2 - 1)}{M_{\text{st}}} \tag{19}$$

$$\frac{\varrho_2}{\varrho_1} = \frac{\dfrac{p_2}{p_1} + \mu^2}{\dfrac{p_2}{p_1} \cdot \mu^2 + 1} = \frac{M_{\text{st}}^2}{\mu^2(M_{\text{st}}^2 - 1) + 1} \tag{20}$$

$$\frac{T_2}{T_1} = \frac{p_2}{p_1} \cdot \frac{\varrho_1}{\varrho_2} = \frac{p_2}{p_1} \cdot \frac{\mu^2 \dfrac{p_2}{p_1} + 1}{\dfrac{p_2}{p_1} + \mu_2} = \frac{1}{M_{\text{st}}^2}\{\mu^2(M_{\text{st}}^2 - 1) + M_{\text{st}}^2\}\{\mu^2(M_{\text{st}}^2 - 1) + 1\} \tag{21}$$

Im Bereich $1 \leq M_{\text{st}} \leq 2$, in dem die Experimente durchgeführt wurden, sind die Gl. (17) bis (21) in Diagramm 1 aufgetragen.

3. Wechselwirkungen von ebenen Wellen und Stößen; Randbedingungen

3.1 Orthogonale Reflexion eines ebenen Stoßes

Dieser Fall wird verwirklicht, wenn eine ebene Stoßwelle senkrecht gegen eine Wand läuft oder zwei Stoßwellen gleicher Stoßstärke gegeneinanderlaufen. Die Randbedingung lautet demnach hier $u_5 = 0$, wenn der Index 5 die Zustände hinter dem reflektierten Stoß charakterisiert. Für diesen reflektierten Stoß gelten wieder die Gl. (17) bis (21),

---

* Index 1 bezieht sich auf die Zustände vor dem Stoß, Index 2 auf Zustände hinter dem Stoß

nur eben mit der Randbedingung $u_5 = 0$, d. h., die Nachströmgeschwindigkeit u_5 bezüglich des mit u_2 laufenden Systems, muß gleich $-u_2$ sein.

Aus Gl. (19) folgt für

$$\frac{u_2}{a_1} = \left(\frac{p_2}{p_1} - 1\right)(1-\mu^2)\sqrt{\frac{1}{\left(\frac{p_2}{p_1} + \mu^2\right)(1+\mu^2)}} = \left(\frac{p_2}{p_1} - 1\right)\sqrt{\frac{p_1(1-\mu^2)}{\varrho_1\left(\frac{p_2}{\varrho_1} + \mu^2\right)}} \tag{22}$$

Durch Umbenennung der Indices also

$$\frac{u_5'}{a_2} = \left(\frac{p_5}{p_2} - 1\right)\sqrt{\left(\frac{p_2}{\varrho_2} \cdot \frac{(1-\mu^2)}{\left(\frac{p_5}{p_2} + \mu^2\right)}\right)} \tag{23}$$

Mit $|u_5'| = |u_2|$ folgt aus den Gl. (21), (22) und (23)

$$\frac{p_5}{p_2} = \frac{(2\mu^2 + 1)\frac{p_2}{p_1} - \mu^2}{\mu^2 \frac{p_2}{p_1} + 1} \tag{24}$$

Für die übrigen Zustandsgrößen des reflektierten Stoßes wie $\frac{T_5}{T_2}, \frac{\varrho_5}{\varrho_2}$ gelten die Gl. (17) bis (21) mit der Umbenennung der Indices von $2 \div 1$ auf $5 \div 2$.

Aus Gl. (24) folgt, daß die Stoßstärke $\frac{p_5}{p_2}$ für $\frac{p_2}{p_1} = 1$, also MACH-Wellen, ungeändert bleibt, also $\frac{p_5}{p_1} = 1$, dagegen für $\frac{p_2}{p_1} \to \infty$ gegen den Wert $\frac{2\mu^2 + 1}{\mu^2} = 8$ für $\varkappa = 1,4$ strebt.

In Abb. 2 sind über der Stoßstärke des einlaufenden Stoßes $\frac{p_2}{p_1}$ die Zustände $\frac{p_5}{p_2}$ und $\frac{T_5}{T_2}$ des reflektierten Stoßes aufgetragen.

3.2 Reflexion eines ebenen Stoßes an schräger Wand

Dies ist der allgemeinere Fall der Reflexion eines ebenen Stoßes an einer festen Wand. Dieser Vorgang ist in Abb. 3a dargestellt. Dabei läuft der Reflexionspunkt mit der Geschwindigkeit $w_{st} \frac{1}{\sin \sigma_1}$ die Wand entlang. Derselbe Vorgang in einem mit dem Reflexionspunkt mitlaufenden System ist in Abb. 3b dargestellt; in diesem System ist der Reflexionsvorgang stationär und kann über die bekannten Verfahren mit Stoßpolaren-Diagrammen aus den Randbedingungen an der Wand erhalten werden. War das Medium vor dem Stoß in Ruhe, so ist $|w_1| = \left|\frac{w_{st}}{\sin \sigma_1}\right|$.

Ist die Stoßfront nicht eben, sondern gekrümmt (bzw. der Stoß eben, aber die Wand gekrümmt), so werden die Winkel σ_1 und σ_5 zwischen Tangente im Reflexionspunkt und Wand gezählt; wegen $w_1 \neq$ konst. ist die Anwendung der stationären Lösungsmethoden nicht bedenkenlos erlaubt, da das mit dem Reflexionspunkt mitlaufende System beschleunigt ist. Solange aber die Zustandsänderungen klein sind innerhalb der Relaxationszeit des Gases, ist diese Fehlerquelle vernachlässigbar.

Im allgemeinen sind bei der Reflexion eines schrägen Verdichtungsstoßes zwei Lösungen mit den Erhaltungssätzen verträglich. Bei der Reflexion einer auslaufenden zylindrischen Stoßwelle zeigt eine Überlegung, daß hier nur eine Lösung möglich ist. Zuerst berührt die gekrümmte Stoßfront die Wand mit paralleler Tangente. Der reflektierte Stoß wird (auch noch für sehr kleine Stoßwinkel σ_1) vom ruhenden Beobachter als orthogonale Reflexion beschrieben. In dem mit dem Berührungspunkt mitlaufenden System ist dieselbe Reflexion die eines extrem schiefen Stoßes mit der sehr großen Stoß-MACH-Zahl der Anströmung $M_1 = M_{st} \dfrac{1}{\sin \sigma_1}$. Bei den kleinen Stoßwinkeln σ ist auch M_2 noch sehr groß und der Ablenkwinkel β klein. Die beiden in Frage kommenden Lösungen liegen im Druckverhältnis (gerade wegen β klein) sehr weit auseinander, die starke Lösung entspricht einem beinahe orthogonalen Stoß bei sehr hoher Anström-MACH-Zahl, die schwache nur einer relativ geringen Druck- und Geschwindigkeitsänderung. Die schwache Lösung im Relativ-System entspricht also gerade der im ruhenden System beobachteten (starken) Lösung.

3.3 Wechselwirkung zwischen Stößen und Kontaktflächen

Zweckmäßig lassen sich Wechselwirkungen zwischen Wellen, Stößen und Kontaktflächen grafisch in zwei Ebenen darstellen, der $p^{\frac{\varkappa-1}{2\varkappa}}$, u-Ebene und der x, t-Ebene. In ersterer erscheinen die Charakteristiken P bzw. Q als gerade Linien mit entropieabhängiger Steigung.

$$\frac{\partial \left(p^{\frac{\varkappa-1}{2\varkappa}}\right)}{\partial u} = \frac{\partial a}{\partial u} \cdot \frac{\partial \left(p^{\frac{\varkappa-1}{2\varkappa}}\right)}{\partial a} = \mp \frac{\varkappa-1}{2} \cdot \frac{\partial \left(p^{\frac{\varkappa-1}{2\varkappa}}\right)}{\partial a}$$

Für perfekte Gase liefert der II. Hauptsatz der Thermodynamik die Beziehung

$$p = (\varkappa - 1) e^{\frac{s-s_0}{c_v}} \varrho^{\varkappa} \tag{25}$$

Somit ist

$$\frac{\partial \left(p^{\frac{\varkappa-1}{2\varkappa}}\right)}{\partial a} = \frac{\partial \left\{\left((\varkappa-1) e^{\frac{s-s_0}{c_v}}\right)^{\frac{\varkappa-1}{2\varkappa}} \varrho^{\frac{\varkappa-1}{2}}\right\}}{\partial a} = \frac{\partial \left\{\left(\frac{1}{\sqrt{\varkappa}}(\varkappa-1) e^{\frac{s-s_0}{c_v}}\right)^{\frac{\varkappa-1}{2\varkappa}-\frac{1}{2}} a\right\}}{\partial a}$$

$$= \frac{1}{\sqrt{\varkappa}\left((\varkappa-1) e^{\frac{s-s_0}{c_v}}\right)^{\frac{1}{2\varkappa}}} = A(s)$$

Also

$$\partial \frac{\left(p^{\frac{\varkappa-1}{2\varkappa}}\right)}{\partial u} = \mp \frac{\varkappa-1}{2} A(s)$$

Mit wachsender Entropie wird also die Steigung der Charakteristiken kleiner. Stöße erscheinen in dieser Ebene entsprechend der Abweichung der HUGONIOT-Beziehung von der Isentropen-Beziehung als gekrümmte Stoßpolaren. Qualitativ verhalten sie sich wie Wellen (Charakteristiken).

So stellt sich die Brechung eines Stoßes an einer Kontaktfläche dar wie in Abb. 4 gezeigt.

Es sei

$$\varkappa_1 = \varkappa_3, p_1 = p_3, \varrho_3 > \varrho_1$$

Dann ist nach (25)

$$\left(\frac{\varrho_1}{\varrho_3}\right)^{\varkappa} = e^{\frac{s_3-s_1}{c_v}} < 1 \to s_3 < s_1$$

und somit

$$\left.\frac{d\left(p^{\frac{\varkappa-1}{2\varkappa}}\right)}{du}\right|_1 < \left.\frac{d\left(p^{\frac{\varkappa-1}{2\varkappa}}\right)}{du}\right|_3$$

(Eine solche Kontaktfläche könnte verwirklicht werden durch zwei Gase verschiedenen Molgewichts oder auch schon ein Gas bei verschiedenen Temperaturen.)

Vor dem rechtslaufenden Stoß befinden sich die beiden durch die Kontaktfläche C getrennten Gase in Ruhe. Da $p_1 = p_3$, liegt im $p^{\frac{\varkappa-1}{2\varkappa}}$, u-Diagramm der Ruhezustand ① und ③ im selben Punkt. Aber die späteren Zustände in den beiden Gasen liegen auf verschiedenen Charakteristiken bzw. Stoßpolaren. Vom Zustand ② auf der Stoßpolaren des Mediums ① ist ein Übergang zur Stoßpolaren des Medium ③ nur über einen reflektierten Stoß ④ möglich, weiter läuft der Stoß ⑤. Zustand ④ und ⑤ sind wieder druck- und geschwindigkeitsgleich, aber weiter getrennt durch die Grenzfläche der beiden Gase.

3.4 Stoßreflexion am offenen Ende

Den Extremfall einer Querschnittserweiterung stellt das offene Rohrende dar. Hier ist zunächst die Randbedingung $p_{ende} = p_1 = $ konst. In Abb. 5 ist die Stoßpolare und die Randbedingung $p_e = p_1 = $ konst. sowie die Kurven $M_{\text{Mündung}} = \frac{u_2'}{a_2} = 1$ bei $s_2 = $ konst. eingetragen. Aus Abb. 5 sieht man, daß für schwache Stöße diese Randbedingung erfüllbar ist, indem eine Expansionswelle zurückläuft und die Teilchen soweit beschleunigt, daß in der Mündung gerade $p_e = p_1$ erreicht ist.

Für starke Stöße (z. B. 2 in Abb. 5) führt schon die Expansion auf einen Druck $p_e > p_1$ zu $M_{\text{Mündung}} = 1$. Weitere Druckabsenkungen können nicht mehr stromauf laufen, die Expansion bleibt unvollständig. Im Falle, daß schon allein hinter dem Stoß die Teilchengeschwindigkeit größer oder gleich der Schallgeschwindigkeit ist, bleibt eine Expansion völlig aus.

Aus den Stoßbeziehungen $\frac{u_2}{a_1}$ Gl. (19) und $\frac{a_2}{a_1} = \sqrt{\frac{T_2}{T_1}}$ Gl. (21) erhält man für den Grenzfall $M_2 = 1$ und $\varkappa = 1{,}4$

$$\frac{p_2}{p_1} = 4{,}66 \qquad M_{st} = 2{,}068$$

4. Theorie für nichteindimensionale Stoßvorgänge

4.1 Akustische Näherung, Huygenssches Prinzip

Schallwellen bilden den Grenzfall von Stoßwellen verschwindender Stoßstärke. Sie zeichnen sich nach 2.2 durch konstante Ausbreitungsgeschwindigkeit a_0 von Dichte- bzw. Druckstörungen aus; die Nachströmgeschwindigkeit der Flüssigkeitsteilchen hinter den Wellenfronten ist vernachlässigbar klein. In dieser Näherung gilt das Huygenssche Prinzip, wonach jeder Punkt als Ausgangspunkt von kugel- bzw. kreiszylindrischen Elementarwellen angesehen werden kann. Die »Makrowellen« entstehen durch Interferenz der Elementarwellen. Dies Prinzip, auf Querschnittsänderungen angewandt, gibt sofort Art und Ausdehnung der von diesen Querschnittsänderungen ausgehenden Störungen an.

In Abb. 6 ist dies dargestellt für eine Querschnittserweiterung über eine konvexe und eine Querschnittsverengung über eine konkave Ecke. Abb. 6 gilt sowohl für Verdichtungs- wie Verdünnungswellen, da beide in dieser Näherung gleiche Ausbreitungsgeschwindigkeiten haben.

Eine näherungsweise Berechnung der Zustände im Beugungsgebiet von Stoßwellen an Hand der akustischen Näherung ist wegen der groben Vereinfachungen nicht sinnvoll (schon bei relativ schwachen Stoßwellen ist $\mathfrak{w}$ nicht mehr klein), ihr Zweck ist vielmehr, einen Überblick über das zu erwartende Wellenbild zu erhalten. Die Ausbreitung eines ebenen Stoßes in einem Kanal mit rechtwinkligem Knie zeigt Abb. 7, konstruiert entsprechend Abb. 6. Hieraus ist zu ersehen, daß der zeitliche Ablauf der Stoßausbreitung hervorgeht aus der primären Beugungskonfiguration und deren Wechselwirkung mit festen Wänden, Stößen und Wellen. Während diese Wechselwirkungen, wenigstens eindimensional im Kleinen, verfolgt werden können, ist über den primären Beugungsvorgang wenig bekannt. Zwar existiert eine geschlossene Theorie von Witham [8], die von Oshima und anderen [10] den Versuchsergebnissen durch Korrekturterme angepaßt wurde, aber auch sie fußt auf eindimensionalen Annahmen.

Immerhin können für dieses Problem durch eine Ähnlichkeits-Transformation die freien Variablen der Grundgleichungen um eine reduziert werden. Dadurch wird zwar keine einfachere Integration ermöglicht, aber die Interpretation des Vorgangs wesentlich erleichtert. Denn die Stoßbeugung ist pseudostationär.

4.2 Pseudostationarität

Gasdynamische instationäre Vorgänge, bei denen in geometrisch ähnlichen Räumen an den entsprechenden Punkten alle gasdynamischen Zustände gleich sind, bezeichnet man als ballistisch ähnlich. Ein Spezialfall dieser Gruppe von Vorgängen sind solche, die zeitunabhängig sich selbst ähnlich sind. Solche Vorgänge bezeichnet man als pseudostationär, weil die Zustände nur noch von den Quotienten $x/t, y/t, z/t$ abhängen. (Ausführlich hierüber siehe [7].) Durch die System-Transformation

$$\left\{\frac{\partial}{\partial \mathfrak{r}}, \frac{\partial}{\partial t}\right\} \to \left\{\frac{\partial}{\partial \mathfrak{r}'}\right\} \quad \text{mit } \mathfrak{r} = \begin{Bmatrix} x \\ y \\ z \end{Bmatrix}, \mathfrak{r}' = \begin{Bmatrix} x/t \\ y/t \\ z/t \end{Bmatrix}, \mathfrak{w}' = \mathfrak{w} - \mathfrak{r}'$$

gehen die Grundgleichungen (1), (2), (4) für ein Strömungsfeld, welches von n Raumkoordinaten abhängt, über in die Form

$$(1) \to \operatorname{div}'(\varrho \mathfrak{w}') + n\varrho = 0 \qquad (1'')$$

$$(2) \to (\mathfrak{w}' \operatorname{grad}') \mathfrak{w}' + \frac{1}{\varrho} \operatorname{grad}' p + \mathfrak{w}' = 0 \qquad (2'')$$

$$(4) \to \mathfrak{w}' \operatorname{grad}' s = 0, \text{ d. h. } \operatorname{grad}' s \perp \mathfrak{w}' \qquad (4'')$$

Gegenüber den Gl. (1) bis (4) für den stationären Fall weichen die pseudostationären Gl. (1″) bis (4″) insofern ab, als sie a) nicht quellenfrei und b) einen Zusatzterm in der EULERschen Gleichung haben, der nicht die einfache Integration zur BERNOULLIschen Gleichung erlaubt. Die Entropie dagegen bleibt wie im stationären Fall konstant auf den pseudostationären Stromlinien.

4.3 Beugung von Stößen endlicher Amplitude

Die in der akustischen Näherung kreiszylindrischen Stoß- und Wellenfronten des Beugungsvorgangs werden sich bei Stößen endlicher Amplitude verformen, und zwar (Abb. 8): Der noch von der Störung unberührte Stoß DE läuft mit der Geschwindigkeit w_{st}. Wegen der Stetigkeit der Expansion nimmt die Amplitude längs der gebeugten Stoßfront stetig ab. Die Stoßgeschwindigkeit längs der Wand BC ist somit nach Gl. (17) kleiner als w_{st}. Der Kopf der zentrierten Verdünnungswelle breitet sich mit der Schallgeschwindigkeit a_2 in das mit u_2 nachströmende Medium aus. Längs der Wand AB hat er die Geschwindigkeit $u_2 - a_2$ im Punkte F.
Wegen der Pseudostationarität bleibt das Verhältnis entsprechender Länge zeitlich konstant, z. B. $\dfrac{FB}{BG} = \text{konst.}$, $\dfrac{FB}{DB} = \text{konst.}$, und diese Längen verhalten sich wie die Ausbreitungsgeschwindigkeiten. Damit hat man eine einfache Möglichkeit, die Stoß-MACH-Zahl aus dem Beugungsbild zu bestimmen.
Mit wachsender Stoßstärke geht u_2 gegen a_2; im Falle $u_2 = a_2$ fallen die Punkte F und B zusammen und bei weiterer Steigerung der MACH-Zahl erwartet man ein Beugungsbild entsprechend Abb. 9.
Der Kopf der Verdünnungswelle schließt mit der Verlängerung von AB den MACHschen Winkel $\alpha = \arcsin \dfrac{1}{M_2}$ ein. Die MACH-Zahl der Nachströmung $M_2 = \dfrac{u_2}{a_2}$ ist somit unmittelbar meßbar. Hier unterscheidet sich das Beugungsbild schon wesentlich von dem der akustischen Näherung.
Der hier betrachtete Beugungsmechanismus leitet die Ausbildung der Stöße in den einzelnen Rohrzweigen ein. Die hier dargestellten Untersuchungen waren in der Hauptsache auf diese erste Phase des Ausbreitungsvorganges ausgerichtet.

5. Versuchsaufbau

5.1 Versuchsanlage

Die Maße des Stoßwellenrohres wurden so bemessen, daß am Ort der Verzweigung die mögliche Meßzeit genügend lang ist. Sie wird maximal, wo sich die dem Stoß nacheilende Verdünnungswelle mit der Kontaktfront schneidet (Abb. 10).

In allen Versuchen wurde mit einem Überdruck von 6 atü im Hochdruckteil gegenüber Atmosphärendruck im Niederdruckteil gearbeitet. Für ein Anfangsdruckverhältnis $\frac{p_4}{p_1} \cong 7$ gibt die Theorie des Stoßwellenrohres (Index 4: Ruhezustand im Hochdruckteil; Index 3: Zustand hinter Kontaktfläche entsprechend Abb. 10)

$\frac{p_2}{p_1} \cong 2,5; \frac{u_2}{a_1} \cong 0,7; M_{st} \cong 1,5; \frac{a_2}{a_1} \cong 1,15; \frac{a_3}{a_4} = 0,86$ bei $T_1 = T_4$; $\varkappa_1 = \varkappa_4 = 1,4$

Abmessungen:
Hochdruckteil: Länge 2,1 m
Durchmesser 50 mm
Niederdruckteil: Länge 4,4 m
Vierkantrohr, Kantenlänge innen 46 mm

Als Membranmaterial wurde 0,1 mm dicke Azetat-Folie in doppelter Lage verwandt. Sie birst in viele kleine Stücke und gibt den vollen Querschnitt frei.

An das Ende des *ND*-Teiles wurde ein Verzweigungsstück angeflanscht, das drei verschiedene Variationen der Anordnung erlaubte. Die Länge der einzelnen Rohrzweige war nur so groß, als es die jeweilige Meßmethode erforderte, d. h. für Druckmessungen ca. 2 m, für optische Untersuchungen nur etwa 1 m.

Die untersuchten Anordnungen waren:

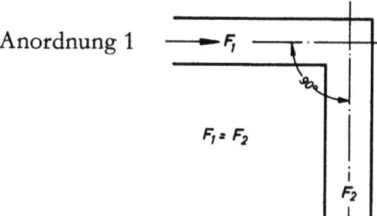

Der einlaufende Stoß kommt jeweils von links

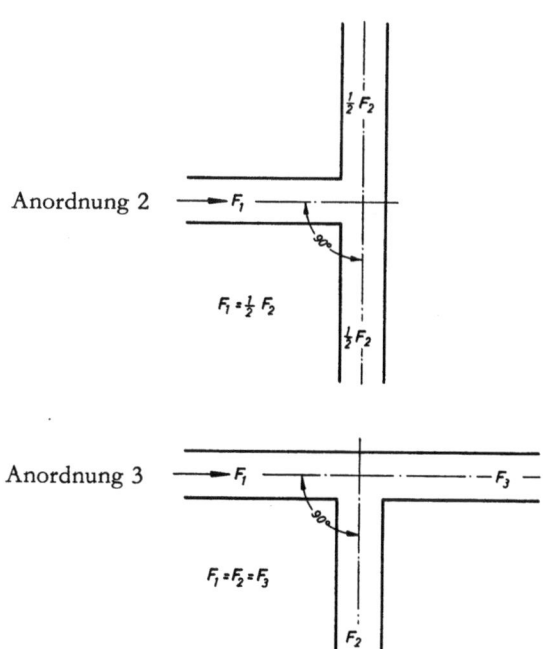

5.2 Grundaufbau für optische Untersuchungen

Eine große Anzahl von Meßverfahren gasdynamischer, instationärer Vorgänge beruht auf optischen Methoden, deren besonderer Vorteil im berührungslosen und störungsfreien Messen liegt. Der Grundaufbau erfolgt zweckmäßigerweise in Z-Form, wie in Abb. 11 dargestellt. Die Lichtquelle bzw. deren Bild in der Blende Bl wird vom Spiegel S_1 im Unendlichen abgebildet. Die Meßkammer wird also von einem Parallel-Lichtbündel durchsetzt. Der im Abstand seiner Brennweite von der Kammer entfernte Spiegel S_2 bildet die Lichtquelle in seinem Brennpunkt, die Kammer aber im Unendlichen ab. Somit entwirft das Objektiv 0 in seiner Brennebene ein reelles Bild der Meßkammer. Die Meßkammer zeigt Abb. 12. Die außen angebrachten Marken im Abstand von je 10 cm sollen auf den Aufnahmen eine exakte Längenbestimmung ermöglichen. Der Quarzdruckgeber unmittelbar vor der Kammer dient zur Triggerung.

Der Zeitablauf wurde zunächst mit einer AEG-Zeitdehnerkamera mit ca. 60 000 Bildern pro Sekunde festgehalten, doch genügte die Bildqualität nicht für eine exakte Auswertung. Brauchbare Ergebnisse lieferten erst Einzelaufnahmen.

Als energiereiche Kurzzeitlichtquelle diente eine STROBOKIN-Blitzlampe (Fa. Früngel) in Einzelbildschaltung. Die Leuchtzeit liegt bei etwa 1 μ sek. Längere Belichtungszeiten führen bei den schnellen Stoßvorgängen schon zu merklichen Bewegungsunschärfen (Geschwindigkeit von Schallwellen $a = 0{,}34$ mm/μ sek.). Um bei diesen kurzen Belichtungszeiten eine hinreichende Schwärzung der Filmschicht zu gewährleisten, müssen die Lichtverluste in der Beleuchtungsoptik möglichst klein gehalten werden.

Alle Aufnahmen wurden bei geöffnetem Kameraverschluß in völlig verdunkeltem Raum gemacht. Um den zeitlichen Ablauf des Vorgangs hinreichend genau festzuhalten, muß der Auslösezeitpunkt des Einzelblitzes mit einer maximalen Toleranz von 10 μsek. einstellbar sein. Dies wurde mit folgender Anordnung erreicht. Ein unmittelbar vor der Meßkammer eingebauter Quarzdruckgeber liefert einen steilen Spannungsanstieg, wenn er vom Stoß überlaufen wird. Dies Signal geht verstärkt auf den Eingang eines Verzögerungsgerätes. Das verzögerte Ausgangssignal liefert über ein Steuergerät den Zündimpuls, der den Durchbruch der Funkenentladung einleitet.

5.3 Zusammenhang zwischen Brechzahl und Dichte und die angewandten optischen Verfahren

Aus der physikalischen Vorstellung, daß kohärente Streuung auf erzwungener Erregung molekularer Dipole beruht, erhält man unter Berücksichtigung der gegenseitigen Wechselwirkung die allgemeine Dispersionsformel in der Form

$$\frac{n^2-1}{n^2+2} = \text{konst.} \frac{\varrho}{m} \sum \frac{f_i}{\omega_{0i}^2 - \omega^2} \tag{26}$$

ω ist dabei die Frequenz des erregenden Lichtes, ω_{0i} sind die Eigenfrequenzen der molekularen Dipole, f_i einfache Konstanten und m das Molgewicht des Gases. Sie gilt außerhalb der Resonanzstellen. Für Gase ist $n \cong 1$ und

$$\frac{n^2-1}{n^2+2} = \frac{(n+1)(n-1)}{n^2+2} \cong \frac{(n-1)\,2}{3}$$

In dieser Form $\dfrac{n-1}{\varrho} = K(\lambda, m)$ ist der Zusammenhang zwischen Brechzahl und der Dichte als GLADSTONE-DALEsches Gesetz bekannt.

Zwei optische Verfahren wurden in dieser Arbeit angewandt:

a) Das gewöhnliche Schlierenverfahren
b) Das »Differential«-Interferometer-Verfahren

Auf eine ausführliche Darstellung dieser Verfahren muß hier verzichtet werden (zu a) siehe [23, 24, 27], zu b) [25, 26]. Beide Verfahren gehen vom gleichen Grundaufbau aus. Beim Schlierenverfahren besteht die einzige Erweiterung des Grundaufbaues in einer Schlierenkante im Brennpunkt von S_2. Diese Kante hat die Aufgabe, Licht, welches infolge einer Schliere in der Meßkammer aus dem Parallelstrahl herausgebrochen wurde, entweder abzufangen (wenn der Gradient der Brechzahl $\frac{\partial n}{\partial x} < 0$ siehe Abb. 11) oder ungehindert vorbeizulassen $\left(\text{wenn } \frac{\partial n}{\partial x} > 0\right)$. Im Bild der Meßkammer erscheinen die Gebiete, deren Licht von der Schlierenkante abgefangen wurde, dunkler, und entsprechend Gebiete, deren Licht über die Schlierenkante hinweggehoben wurde, heller als der Untergrund. Die Schwärzung ist also ein Maß für den Gradienten $\frac{\partial n}{\partial x}$. Quantitative Auswertungen sind grundsätzlich möglich, doch steht der Aufwand in recht ungünstigem Verhältnis zur Qualität des Meßergebnisses. Dafür liefern Schlierenaufnahmen stets anschauliche plastische Bilder der Dichtefelder.

Weniger anschauliche, aber quantitativ auswertbare Ergebnisse liefert das »Differential«-Interferometer-Verfahren. Hierbei wird die Lichtquelle im Brennpunkt von S_1 durch ein Wollaston-Prisma in zwei virtuelle kohärente Lichtquellen aufgespalten; somit wird die Meßstrecke von zwei um einen kleinen Abstand e versetzten Parallelstrahlen durchlaufen. Zusammengehörige, kohärente Teilstrahlenbündel werden durch ein zweites Wollaston-Prisma parallel gerichtet. Sorgt man durch einen Polarisator vor dem ersten und einen Analysator hinter dem zweiten Wollaston-Prisma für gleiche Amplituden und gleiche Polarisationsrichtung der interferenzfähigen Teilstrahlen, so erhält man in der Bildebene des Objektivs eine der Differenz der optischen Wege der beiden Teilstrahlen proportionale Streifenverschiebung. Bei der Integration des Dichtefeldes ist zu beachten, daß das Verfahren Differenzenquotienten und keine Differentialquotienten mißt.

5.4 Druckmessung

Die Druckmessungen im Stoßwellenrohr waren zur Zeit dieser Versuche wenig befriedigend, da die Druckgeber den hohen Anforderungen, die ihnen hier gestellt wurden, nicht gewachsen waren. Hierzu zählen zum einen das Zeitverhalten (Anstiegszeit, Eigenfrequenz, Dämpfung), zum anderen die Beschleunigungsempfindlichkeit. Benutzt wurden Quarzdruckgeber von Vibrometer Typ KIC 701. Um wenigstens brauchbare Mittelwerte der Stoßamplituden bestimmen zu können, wurden die Signale der Druckgeber durch Tiefpässe geglättet. Den Prinzipaufbau und die Übergangsfunktion der Filter zeigt Abb. 13. Die Daten der Bauelemente entstammen [28].

6. Versuchsauswertung

6.1 Bestimmung der Stoß-Mach-Zahl bei pseudostationären Beugungsvorgängen

Nach 4.3 verhalten sich bei der Beugung an Querschnittsänderungen mit geraden Wänden die Längen von der beugenden Kante zur gebeugten Stoßfront bzw. dem »Kopf« der rücklaufenden Verdünnungswelle wie die Geschwindigkeiten in Richtung derselben Radiusvektoren. Abb. 14 zeigt eine Schlierenaufnahme eines gebeugten Stoßes mit einigen charakteristischen Längen. Dies sind:

$$w_{st} \cdot \Delta t \qquad a_2 \cdot \Delta t \qquad (u_2 - a_2) \cdot \Delta t$$

Zwei dieser Längen genügen, um mit den Gl. (17) bis (21) die Stoß-Mach-Zahl eindeutig zu bestimmen. (Die dritte kann zur Kontrolle dienen.)

Aus der Definition von M_{st} und Gl. (21) folgt

$$\frac{w_{st}}{a_2} = \frac{w_{st} \cdot a_1}{a_1 \cdot a_2} = \frac{M_{st}^2}{\sqrt{\left[\frac{\varkappa-1}{\varkappa+1}(M_{st}^2-1)+M_{st}^2\right]\left[\frac{\varkappa-1}{\varkappa+1}(M_{st}^2-1)+1\right]}}$$

Aus Gl. (19) und (21) folgt

$$\frac{u_2}{a_2} = \frac{u_2 \cdot a_1}{a_1 \cdot a_2} = \frac{(M_{st}^2-1)\left(1-\frac{\varkappa-1}{\varkappa+1}\right)}{\sqrt{\left[\frac{\varkappa-1}{\varkappa+1}(M_{st}^2-1)+M_{st}^2\right]\left[\frac{\varkappa-1}{\varkappa+1}(M_{st}^2-1)+1\right]}} \qquad (28)$$

also

$$\frac{u_2 - a_2}{a_2} = \frac{u_2}{a_2} - 1 = \text{Gl. (28)} - 1 \qquad (28')$$

und schließlich aus (27) und (28')

$$\frac{w_{st}}{u_2 - a_2} = \frac{\text{Gl. (27)}}{\text{Gl. (28)}} \qquad (29)$$

Mit diesem Verfahren werden die Mach-Zahlen der Stoßwellen unserer Experimente gemessen, dabei ergab sich, daß bei dem gewählten Anfangsdruckverhältnis $\frac{p_4}{p_1} = 6,9$ die Stoß-Mach-Zahlen etwa bei 1,4 lagen. Im idealen Stoßwellenrohr erhält man theoretisch aus demselben Anfangsdruckverhältnis eine Stoß-Mach-Zahl von 1,6. Für derartige Differenzen zwischen Theorie und Experiment gibt es mehrere Gründe. Die Theorie setzt voraus, daß der Querschnitt zur Zeit $t = 0$ vollständig freigegeben wird und daß irreversible Vorgänge nur innerhalb der Stoßfront ablaufen. Der erste Punkt wird durch die von uns benutzte Azetat-Folie recht gut erfüllt, wie Untersuchungen in anderem Rahmen gezeigt haben, dagegen ist das Anwachsen der Grenzschicht in einem langen Rohr mit rechteckigem Querschnitt ($1/d \approx 100$ bis Meßkammer) keineswegs zu vernachlässigen. Während üblicherweise die Stoß-Mach-Zahl aus einer Weg-Zeit-Messung über eine größere Strecke bestimmt wird, also nur einen Mittelwert angibt, gestattet die hier dargestellte Methode eine recht genaue Bestimmung der örtlichen Stoß-Mach-Zahl.

6.2 Bestimmung der Druck- und Geschwindigkeitsverteilung längs der gebeugten Stoßfront

In 6.1 wurden nur solche Längen betrachtet, die unmittelbar in bekannte Geschwindigkeiten übersetzt werden konnten. Da a_1 bekannt ist, läßt sich der Strecke $w_{st} \Delta t$ in Abb. 14 die Stoß-MACH-Zahl $M_{st} = \dfrac{w_{st}}{a_1}$ zuordnen. Wegen $a_1 =$ konst. sind aber den Längen der Radiusvektoren (von der beugenden Kante aus an die Stoßfront) nicht nur die Geschwindigkeiten, sondern, im pseudostationären Bild gesprochen, auch die Einström-MACH-Zahlen proportional. Die Stoßfront behält also längs jedes festgehaltenen Fahrstrahls MACH-Zahl und Stoßwinkel σ konstant. Somit können die Zustände längs der gebeugten Stoßfront mit den Rechenmethoden des stationären, schiefen Stoßes bestimmt werden (Abb. 15). Von dort übernimmt man für das Druckverhältnis

$$\frac{\hat{p}}{p} = \frac{2\varkappa}{\varkappa+1}(M^2 \sin^2 \sigma - 1) + 1 \tag{30}$$

Die Teilchengeschwindigkeit erhält man aus der Stoßpolarendarstellung und der Transformation vom ruhenden zum bewegten System $\mathfrak{u} = \mathfrak{w} - \hat{\mathfrak{w}}$. Bezüglich der Geschwindigkeitsverteilung längs der zentrierten Verdünnungswelle kann wegen deren Stetigkeit keine genauere Aussage gemacht werden, als daß die Teilchen, von dem mit u_2 mitlaufenden System aus betrachtet, senkrecht in die Welle beschleunigt eintreten. Mit der geometrischen Form der Stoßkontur ist somit Druck- und Geschwindigkeitsverteilung längs der gekrümmten Stoßfront gegeben. Längs der Wand BW muß sowohl vor wie hinter dem Stoß die Geschwindigkeitskomponente normal zur Wand verschwinden, d. h. Ablenkungswinkel $\beta = 0$, und daraus folgt wiederum, daß die gebeugte Stoßfront stets senkrecht auf BW steht. Der Stoß ist in G orthogonal.

Abb. 16 zeigt eine derartige Auswertung. Die Kontur wurde einer Aufnahme mit dem »Differential«-Interferometer entnommen, die als Diapositiv genau vermessen werden konnte. Für die Stoß-MACH-Zahl ergaben Gl. (27) und (29) übereinstimmend M_{st} = 1,40. Die Projektion des nach Gl. (30) berechneten Druckverlaufs ist neben der Kontur aufgetragen. Somit kann auf optischem Wege die Abhängigkeit des Druckverlaufes sowohl von der Stoß-MACH-Zahl wie auch dem Abknickwinkel bestimmt werden. Beide Abhängigkeiten dürften mit der weiteren Stoßausbildung in Verzweigungen entscheidend verknüpft sein.

In Abb. 16 sind auch die Geschwindigkeiten der Teilchen hinter der Stoßfront nach Größe und Richtung, berechnet aus einem Stoßpolaren-Diagramm, aufgetragen. Zunächst fällt auf, daß die Teilchengeschwindigkeit unmittelbar hinter der Stoßfront senkrecht auf dieser steht. Dies Ergebnis ist aber im Grunde trivial, wenn man die Teilchenbewegung vom ruhenden System aus betrachtet. Ein in diesem System ruhendes Teilchen (also ein Teilchen vor dem Stoß), wird in dem Augenblick, in dem es von der Stoßfront überlaufen wird, auf die Nachlaufgeschwindigkeit $\mathfrak{u}$ beschleunigt. Entsprechend dem NEWTONschen Prinzip ist

$$\varrho \frac{d\mathfrak{u}}{dt} = -\operatorname{grad} p$$

d. h., die totale Geschwindigkeitsänderung eines (markierten) Teilchens hat die Richtung des Druckgradienten. Diese Geschwindigkeitsänderung ist u, der Druckgradient steht senkrecht auf der Stoßfront. Die Tatsache, daß beide Interpretationen für die Nachlaufgeschwindigkeit, die eine direkt aus der Bewegungsgleichung, die andere als Differenz der Geschwindigkeiten vor und hinter einem schrägen Verdichtungsstoß, zum selben Ergebnis führen, ist ein experimenteller Nachweis für die Pseudostationarität der Stoßbeugung.

6.3 Das Dichtefeld im Beugungsgebiet und Vergleich mit 6.2

Die Ergebnisse von 6.2 werden ergänzt durch quantitative Messungen mit dem »Differential«-Interferometer. Dies Verfahren liefert zunächst nur Linien gleicher Gangdifferenz zweier Teilstrahlen als Linien gleicher Streifenverschiebung. Die Dichte selbst erhält man erst durch eine Summation der Gang- bzw. Dichtedifferenzen, die Integrationskonstante muß aus bekannten Werten bestimmt werden. (Zum Beispiel legt man günstigerweise die Integrationsrichtung bzw. die Richtung der Dopplung so, daß man, wie in unserem Falle, im Gebiet bekannter Dichte ϱ, nämlich hinter der ungestörten Stoßfront, mit der Integration beginnt.)
Abb. 18 zeigt die Reproduktion des Farbdiapositivs, das in Abb. 17 ausgewertet ist. Eine räumliche Darstellung von Abb. 17 ist Abb. 18. Die hier gewonnene Dichteverteilung längs der Stoßkontur wurde über Gl. (20) in einen Druckverlauf umgerechnet. Den Vergleich mit der in 6.2 erhaltenen zeigt Abb. 19. Die Übereinstimmung ist durchaus befriedigend. Die Abweichungen beruhen wohl zum einen auf der Summation von kleinen Fehlern, zum anderen aber auch auf der Unschärfe der Integrationsgrenzen der Auswertegeraden 6 und 7.
In einer reibungsfreien Strömung träten an der beugenden Kante unendlich große Geschwindigkeiten auf. In einer realen Flüssigkeit rollt sich eine von der Kante ausgehende Trennungsfläche zu einem mächtigen Wirbel auf. In diesem Wirbel treten so starke Gradienten auf, daß selbst im Original von Abb. 18 nicht sämtliche Interferenzstreifen im Wirbelkern sicher getrennt werden können, eine Grundvoraussetzung zur Auswertung. Deshalb wurde die wirbelnächste Auswertegerade so gelegt, daß eine eindeutige Streifenzuordnung möglich war.

7. Zeitliche Entwicklung der Stoßausbreitung in Rohrverzweigungen

Die Entwicklung der Stoßvorgänge, die sich in dem Zeitraum abspielen, der von der ersten Störung einer ebenen Stoßfront durch Beugung an einer Querschnittserweiterung bis zum stationären Zustand reicht, in dem in jedem Rohrzweig wieder ein orthogonaler Stoß läuft, soll an Hand der Tafeln 1–3 in einer Reihe von Schlierenbildern betrachtet werden.
In allen Tafeln gleichbleibend ist die zeitliche Bildfolge von $(25 \pm 5)\,\mu\text{sek}$. Für andere Längenmaßstäbe ist nach dem ballistischen Modellgesetz die Zeit mit denselben Maßstäben zu multiplizieren; die hier angegebenen gelten für die benutzten Rohrdurchmesser von 46 mm. Eine genauere Zeitangabe kann nach der Strecke, die der gebeugte Stoß längs der Rohrwand mit konstanter Geschwindigkeit zurücklegt, gemacht werden. Gleichbleibend ist ferner die Stoß-MACH-Zahl $M_{st} \cong 1{,}40$. Ausführlich wird die Entwicklung der Stoßausbreitung am Beispiel von Anordnung 1 (Taf. 1) diskutiert, die Ausbreitungsvorgänge in den Anordnungen 2 und 3 haben viel Gemeinsames und können deshalb kürzer behandelt werden.

7.1 Stoßbeugung und -reflexion

Den Übergang vom eindimensionalen Stoß zum pseudostationären, gebeugten Stoß zeigen die Abb. T1/1 bis T1/6 auf Taf. 1. Gleichzeitig mit der Beugung rollt sich die Trennungsfläche der an der scharfen Kante abgelösten Nachströmung zu einem kräftigen Wirbel auf. (Die Teilchengeschwindigkeit beträgt nach Diagramm 1 $0{,}55\, a_1 \cong 185$ m/sek·, noch bevor sie durch die rücklaufende Expansionswelle weiter beschleunigt wird.) Da die Ableitung der pseudostationären Gleichungen von den EULERschen Gleichungen ausging, gelten sie nur für reibungsfreie Vorgänge. Die Wirbelbewegung scheint somit das Prinzip der pseudostationären Beugung zu stören. REICHENBACH und MERZKIRCH [17] haben aber gezeigt, daß auch das Wachsen eines Wirbels selbst wieder pseudostationär verläuft. Da die Geschwindigkeit der Trennungsfläche konstant ist, ihre Dicke aber im Laufe der Zeit zunimmt (weil die Grenzschichtdicke wächst), ist das etwa zeitproportionale Wachsen der Zirkulation plausibel. Es bedarf aber auch hier (wie bei allen anderen pseudostationären Vorgängen) einer gewissen Anlaufzeit, in der am Wirbelaufbau vorwiegend Reibungskräfte beteiligt sind. Das Aufrollen der Trennungsfläche ist noch bis T1/10 deutlich zu beobachten.
Sobald die gebeugte Stoßfront die gegenüberliegende Wand erreicht hat (T1/7), ist der Vorgang insgesamt nicht mehr pseudostationär, weil die Kanalbreite eine explizite Länge darstellt, aber die Teilgebiete, die noch von keiner Reflexion erreicht wurden, verhalten sich weiter wie im entsprechenden pseudostationären Vorgang. Die gebeugte Stoßfront wird als schräger Stoß mit sich stetig vergrößerndem Stoßwinkel σ reflektiert. Dieser reflektierte Stoß wird jedoch durch die Verdünnungswelle (und deren Reflexionen) etwas geschwächt, doch ist wegen der Stetigkeit der Verdünnungswelle kein Knick in der reflektierten Stoßfront zu beobachten. Bei weiterem Fortschreiten nähert sich der reflektierte Stoß dem mächtigen Kantenwirbel (T1/8 ff).

7.2 Wechselwirkung eines Stoßes mit einem freien Wirbel

An dem Wechselwirkungsprozeß zwischen Stoß und Wirbelfeld sind zwei Teilprozesse beteiligt:

I. Wechselwirkung des Stoßes mit dem Geschwindigkeitsfeld des Wirbels
II. Wechselwirkung des Stoßes mit dem Zustandsfeld des »eingefrorenen« Wirbels

Diese Trennung wird deshalb vorgenommen, weil das Geschwindigkeitsfeld des Wirbels allein schon eine sehr markante, unsymmetrische Deformation des Stoßes bewirkt, während das Zustandsfeld des »eingefrorenen« Wirbels (worunter der hypothetische Zustand verstanden werden soll, in dem Dichte-, Druck- und Temperaturverteilung gleich sind wie im Wirbelfeld, das Gas jedoch ruht), nur symmetrische Störungen hervorruft.

Teilprozeß 1
Bekannt ist, daß die Geschwindigkeit in einem Potentialwirbel proportional $1/r$ zunimmt, was bei inkompressiblen Flüssigkeiten auf $w \to \infty$ für $r \to 0$, bei kompressiblen dagegen nur bis $w = w_{\max} = a^* \sqrt{\dfrac{\varkappa+1}{\varkappa-1}}$ bei $r = r_{\min} = \dfrac{\Gamma}{2\pi a_0}\sqrt{\dfrac{\varkappa-1}{2}}$ führt. Reale Wirbel zeigen für große r noch gute Übereinstimmung mit Potentialwirbeln, für kleine r werden jedoch die Schubspannungen nicht mehr vernachlässigbar. Dies führt zur Ausbildung eines Wirbelkernes, der sich wie ein fester Körper mit konstanter Winkelgeschwindigkeit dreht. Im Wirbelkern ist das Strömungsfeld also nicht mehr drehungsfrei.

Für inkompressible Flüssigkeiten existieren einige Näherungen zur Berechnung des Wirbelkernes [19, 20], für kompressible Wirbel dagegen ist noch nicht bekannt, wieweit dort das Potentialwirbelverhalten reicht. Die Schallgeschwindigkeit spielt jedenfalls hierbei keine ausgezeichnete Rolle; dies zeigen auch Experimente in Rohrkrümmern, wo an der Außenwand Unterschall-, an der Innenwand aber schon Überschallgeschwindigkeit herrscht [21].

Abb. 20 zeigt schematisch die zeitliche Entwicklung der Stoßfrontverformung eines ursprünglich ebenen Stoßes im Geschwindigkeitsfeld eines realen Wirbels. Diese Abbildung, die aus einer einfachen Vektoraddition entstanden ist (die angenommene Geschwindigkeitsverteilung im Wirbel ist darunter aufgetragen) vereinfacht die Verhältnisse sehr, indem sie konstante Stoßgeschwindigkeit annimmt. (Da die Teilchen des Wirbels aber beschleunigt in die Stoßfront eintreten und dabei die HUGONIOT-Gleichungen erfüllen müssen, ist dies ganz sicher nicht der Fall, Stoßstärke und -geschwindigkeit werden ortsabhängig.) Immerhin gibt sie das Wesentliche wieder. Der ebene Stoß wird je nach dem Verhältnis der maximalen Wirbelgeschwindigkeit zur Stoßgeschwindigkeit zu einer mehr oder weniger engen Schlinge gefaltet, die nur langsam das Gebiet der Maximalgeschwindigkeit verlassen kann. Hat der Stoß den Wirbelbereich durchquert, so bleibt die Deformation nicht erhalten, weil nur die ebene Stoßfront stabil ist. Dies wiederum ist verständlich, da eine in Laufrichtung konkave Stoßwelle als Teil einer konvergierenden, zylindrischen Stoßwelle sich verstärkt, also auch schneller läuft, während eine in Laufrichtung konvexe Stoßwelle sich entsprechend abschwächt. Die Wirbelbewegung wird ihrerseits durch den Stoß gestört, da die vom Stoß erfaßten Teilchen kinetische Energie verlieren, zusätzlich aber noch eine Richtungsänderung erleiden. Somit ist die Stoßwechselwirkung für den freien Wirbel mit einem Verlust an kinetischer Energie verbunden.

Die Frage nach der Stabilität eines freien Wirbels nach einer solchen Stoßwechselwirkung kann also nur dahingehend gestellt werden, unter welchen Bedingungen an Stoß und Wirbel ein einzelner Wirbel erhalten bleiben kann bzw. in eine ungeordnete Anzahl von Einzelwirbeln zerfällt. Unser Versuchsaufbau ist nicht geeignet, hierüber eine feste Aussage zu machen, da der Kantenwirbel von einem Stoß und kurze Zeit darauf von dessen Reflexion in entgegengesetzter Richtung durchlaufen wird. Die Zeit zwischen diesen beiden Stößen ist zu kurz.

Teilprozeß 2

Jetzt ist der Fall zu betrachten, daß eine ebene Stoßwelle ein Gebiet mit den Zuständen p_w, ϱ_w, s_w des Wirbels überläuft. Das Zustandsprofil des Wirbels werde zunächst durch ein »Topf«-Profil ersetzt, d. h., Dichte, Druck und Temperatur fallen bei einem gewissen $r = r^*$ von den Werten p_0, ϱ_0, s_0 auf die tieferen Werte p_w, ϱ_w, s_w ab (Abb. 21).

Die Zustandsänderungen längs der Symmetrieachse können nach 3.3 in der $p^{\frac{\varkappa-1}{2\varkappa}}$, u- und x, t-Ebene dargestellt werden. Aus dieser Darstellung folgt, daß zunächst beim Einlaufen des Stoßes S in den Wirbel Verdünnungswellen R in das Medium hinter dem Stoß laufen, während der Stoß auf S'' abgeschwächt ist. Der Stoß S'' kommt bei $r = r^*$ auf den Dichtesprung $\varrho_w - \varrho_0$; als Folge davon wird ein Stoß S' reflektiert und ein Stoß S^* läuft weiter. Aus dem Teilprozeß 2 resultiert also eine Folge von Verdünnungs- und Verdichtungswellen, die sich hinter dem Stoß um das Störzentrum »Wirbel« herum ausbreiten (HUYGENSsches Prinzip). Genauere Rechnungen [22] zeigen, daß eine schwache Stoßwelle beim Durchlaufen eines Wirbels eine Schallwelle mit dem überlaufenden Wirbel als Zentrum erzeugt. Diese Schallwelle hat die besondere Eigenschaft, daß die Amplitude winkelabhängig ist und sogar mehrfach das Vorzeichen ändert.

7.3 Wechselwirkung eines Stoßes mit einem gebundenen Wirbel

Im vorliegenden Fall sind die Kantenwirbel nicht frei, vielmehr wird der Stoß, nachdem er einmal den Wirbel durchquert hat, an der abgeknickten Wand (Abb. 22) reflektiert, um den Wirbel nochmals in entgegengesetzter Richtung zu durchlaufen. Man erkennt, daß der zunächst voreilende Teil des deformierten Stoßes nach der Reflexion zum größten Teil der Wirbelgeschwindigkeit entgegenlaufen muß. Die noch vom ersten Stoßdurchgang stammende »Schlinge« wird, da die Stoßstärke in ihr rasch ansteigt, schnell kleiner. In den Teil des Wirbels, in dem sich die Faltung beim ersten Durchgang vollzogen hatte, läuft jetzt ein Teil des an der abgeknickten Wand reflektierten Stoßes gleichsinnig mit der Teilchengeschwindigkeit im Wirbel (Abb. 22c) und bildet schließlich mit dem Stoß S_1 eine Dreistoß-Konfiguration. Abb. 22d entspricht Bild T1/13.

In der Bildfolge T1/10 bis T1/13 erkennt man, daß der Kantenwirbel nach dieser zweimaligen Stoßwechselwirkung sofort in eine Anzahl von freien Einzelwirbeln zerfällt. Im weiteren, T1/13 bis T1/19 aber kann man beobachten, daß sich diese Einzelwirbel wieder zu einem einzigen Wirbel vereinen. In diesem Wirbel ist die maximale Teilchengeschwindigkeit durchaus vergleichbar mit der Schallgeschwindigkeit, denn der in Abb. 22d mit S_r bezeichnete Stoß bleibt im Punkt A praktisch ortsfest im Wirbel stehen, während er in großer Entfernung um den Wirbel herumläuft (T1/12 bis T1/19).

Es sei hier nur am Rande erwähnt, daß die Teilchengeschwindigkeit bei der Umströmung der beugenden Kante in dieser Anordnung der Verzweigung niemals ihr Vorzeichen ändern kann, denn durch jeden Abzweig wird der in das Stoßrohr rücklaufende Stoß geschwächt und im Falle des einfach geschlossenen Rohrendes ohne Abzweig herrscht gerade erst Ruhe hinter dem reflektierten Stoß.

An Hand Abb. 23, die dem Bild T1/13 entspricht, sollen die Einzelanalysen zusammengefaßt werden. Mit »Weiterlaufender Stoß« und »Rücklaufender Verdünnungswelle« sind die Teile des primären Beugungsvorganges bezeichnet, deren Zustände noch dem entsprechenden pseudostationären Vorgang gleichen. Unbezeichnet sind ihre unmittelbaren Reflexionen. Da die Verdünnungswelle mit wachsender Zeit verflacht, ist in Bild T1/13 nur noch ihre erste Reflexion erkennbar. Zusätzlich zu Abb. 22d erscheinen hier die Wellen W_1 und W_2. W_1 ist dabei, wie sich an Hand Tafel 1 verfolgen läßt, die aus der ersten Stoß-Wirbel-Wechselwirkung resultierende Störungswelle. Aus der Schlierenaufnahme entnimmt man, daß die Flankensteilheit der Welle W_1 von oben nach unten abnimmt. Der in Abb. 22d vom Tripelpunkt zum Wirbel führende Stoß in T1/13 erscheint eher als Welle denn als Stoß. Dies kann zwei Ursachen haben. Zum einen ist die Wirbelbewegung mit Sicherheit nicht streng zweidimensional, so daß die Stoßfront nicht nur in der Beobachtungsebene deformiert wird, d. h. das Meßverfahren täuscht eine Verbreiterung der Stoßdicke vor, zum anderen ist denkbar, daß die heftige Turbulenz im Wirbel, nachdem der Stoß einmal durchlaufen ist (Stadium entsprechend Abb. 22b, c), den rücklaufenden Stoß in eine Folge einzelner Druckwellen auflöst, die sich erst wieder zu einem Stoß formieren müssen. Die Entstehung der Welle W_2 kann dagegen nicht mit Sicherheit zurückverfolgt werden.

7.4 Vergleich der untersuchten Anordnungen und Verallgemeinerung auf beliebige Rohrverzweigungen

Anordnung 2 (Tafel T2)

Sie unterscheidet sich aus Symmetriegründen von der ausführlich beschriebenen nur durch ein geändertes Querschnittsverhältnis, wenn man von Wandeinflüssen absieht. Der Außenwand des Einlaufkanals in Anordnung 1 entspricht die Symmetrieebene in

Anordnung 2. Wegen des (gegenüber Anordnung 1) halben Einlaufquerschnittes wird die Expansionswelle noch vor dem Stoß reflektiert (T2/3 ff.) und schwächt den gebeugten Stoß. Somit ist auch dessen Reflexion an der abgeknickten Außenwand schwächer als in Anordnung 1. Die gegenüber Anordnung 1 stärkere Expansionswelle in Anordnung 2 bewirkt eine stärkere Beschleunigung des die Kante umströmenden Gases, welche in diesem Falle sogar zu einem lokalen Überschallgebiet stromab der beugenden Kante führt (T2/6 ff.), kenntlich an dem sekundären Verdichtungsstoß, der dieses abschließt. Dieser sekundäre Stoß wird von dem an der abgeknickten Außenwand reflektierten Stoß eingeholt und ist mitbeteiligt an der raschen Ausbildung eines geraden rücklaufenden Stoßes.

Anordnung 3 (Tafel 3)

Aus versuchstechnischen Gründen konnte nicht die gesamte Anordnung auf einmal erfaßt werden. Deshalb sind in Tafel 3 die Bilder je nach Ausschnitt entsprechend der Skizze dort mit a und b bezeichnet. Die Reflexion und Beugung an der der primär beugenden Kante gegenüberliegenden Kante verläuft qualitativ entsprechend den Überlegungen in der akustischen Näherung. Der Hauptanteil des gebeugten Stoßes läuft geradeaus weiter; gegen die Strömung in Richtung Kantenwirbel gelangt nur noch ein schwacher Stoß bis zum Wirbel. Dort wird er während der Beobachtungszeit von 150 μsek. entsprechend T3/10 bis T3/15 stationär. Der in den senkrechten Abzweig laufende Stoß ist schwächer als der entsprechende in Anordnung 1.

Verallgemeinerung

Die hier aufgezeigten drei einfachen Beispiele von Rohrverzweigungen zeigen, daß für die Stoßausbildung in den einzelnen Zweigen die Vorgänge im Verzweigungsgebiet zwar einzig entscheidend sind, die Bildung der einheitlichen Stoßfronten in den Zweigen in großer Entfernung der Verzweigungsstelle aber erst über Ausgleichsvorgänge einzelner Stöße und Wellen geschieht, deren exakte Berechnung, wenn überhaupt möglich, auf jeden Fall für eine praktische Anwendung zu aufwendig ist.
Dennoch sind an Hand der zweidimensionalen Anschauung für beliebige Verzweigungsanordnungen abschätzende Aussagen möglich. Eine Verzweigung ist charakterisiert durch das Skelett der Mittellinien, durch Form und Fläche der einzelnen Querschnitte, kann also beschrieben werden durch eine Anzahl charakteristischer Parameter. Im einfachsten Falle sind diese z. B. Winkel und Flächenverhältnisse (Abb. 24). Der Einfluß dieser beiden Größen auf das Verhältnis der Stoßstärken in F_1 und F_2 soll für einige Fälle abgeschätzt werden.

1. $F_1/F_2 =$ konst. $= 1$, Winkel α variabel

Offenbar liegt der Einfluß des Winkels darin, daß der einlaufende ebene Stoß durch Beugung und Reflexionen in eine Anzahl von Stößen und Wellen mit nicht mehr einheitlicher Laufrichtung zerlegt wird. Die rücklaufende Komponente der Stöße wächst mit wachsendem α. Die Schwächung des weiterlaufenden Stoßes beruht also im wesentlichen auf der Erzeugung eines rücklaufenden Stoßes. Doch ist selbst bei $\alpha = \dfrac{\pi}{2}$ und einer Stoß-MACH-Zahl von $\sim 1{,}4$ nach eigenen Druckmessungen noch das Verhältnis der Stoßstärken des weiterlaufenden zu der des einlaufenden Stoßes $\sim 0{,}95$; der Einfluß des Winkels α ist also in großer Entfernung vom Knie gering.

2. $\alpha = \dfrac{\pi}{2}$, Querschnittsverhältnis F_2/F_1 variabel

Der Einfluß des Querschnittsverhältnisses wird viel wesentlicher sein, da hier unmittelbar aus dem Energieerhaltungssatz folgt, daß bei einer Querschnitterweiterung die Stoßstärke abnehmen, bei Querschnittsverengung aber die Stoßstärke zunehmen muß. In den Grenzfällen wird dies besonders deutlich.

a) $F_2 \to \infty$, $F_1 =$ konst. Im Rohr mit dem Querschnitt F_1 entspricht dieser Fall dem Stoßrohr mit offenem Ende, d. h., eine Verdünnungswelle läuft stomauf. In dem Rohr mit dem Querschnitt F_2 dagegen verläuft sich der Stoß als akustische Welle. Aus den Vorgängen an der Querschnittserweiterung selbst kann dies so erklärt werden (Abb. 24). Das Primäre ist der Beugungsvorgang. Wegen $F_2 \to \infty$ wird nur die Verdünnungswelle R an den Wänden AB und CD reflektiert. Jede Reflexion bewirkt eine weitere Verstärkung der Expansionswelle. Somit wird der Stoß von einer Folge von Expansionswellen eingeholt und abgebaut, und in den Zuströmkanal zurück läuft ebenso eine aus vielen Teilwellen zusammengesetzte Verdünnungswelle.

b) $F_1 \to \infty$, $F_2 =$ konst. Nach der eindimensionalen Theorie entspricht dieser Fall im Querschnitt F_1 dem Stoßrohr mit geschlossenem Ende, d. h. der Stoß wird reflektiert und läuft verstärkt stromauf. Die Zustände im Querschnitt F_2 werden für den in der eindimensionalen Vorstellung einfacheren Fall $\alpha = 0$ näherungsweise bestimmt (Abb. 25), da der Einfluß des Winkels α verhältnismäßig gering ist. Wegen der »Ausstrahlung« der Verdünnungswelle wird ⑤ = ⑤′. Zur Berechnung wird angenommen, es laufe über die Stoßwelle p_2/p_1 eine weitere mit der Stoßstärke p_6/p_2.

Die Stoßwelle in F_2 ist also stärker als die einlaufende. Die Erklärung an Hand Abb. 24 geht analog wie in Fall a). Die reflektierenden Wände sind AG und CE. Daran werden Stöße als Stöße reflektiert. Die in den Querschnitt F_1 laufende Verdünnungswelle wird von diesen eingeholt und abgebaut. In F_2 läuft aber nur ein System von Verdichtungswellen solange, bis sie in Verzweigungsnähe in Schallwellen abgeklungen sind und dort praktisch stationäre Verhältnisse herrschen. Der Winkel α geht hierbei wesentlich nur in die Zeit zur Ausbildung eines einheitlichen Stoßes ein.

In der Praxis wird man also darauf angewiesen sein, aus Modellversuchen für eine gewisse Verzweigungsanordnung die charakteristischen Kenngrößen, wie etwa das Verhältnis der Stoßstärken des weiterlaufenden zu der des einlaufenden Stoßes u. ä. zu bestimmen. Nach dem in 4.2 erwähnten ballistischen Modellgesetz heißt das, die Abmessungen ähnlich zu übertragen und Stoßstärke in Modell und Ausführung gleich zu belassen.

7.5 Vergleich mit bekannten Messungen an Querschnittsänderungen

Die aus Druckmessungen an Anordnung 1 und 2 gewonnenen Ergebnisse an einer Abwinkelung des Einlaufkanals um 90° können mit Ergebnissen an geraden Querschnittsänderungen nach [15] verglichen werden, um den Einfluß des Abknickwinkels herauszustellen.

In Abb. 26 sind die Oszillogramme der Druckverläufe für die drei untersuchten Anordnungen dargestellt. Diesen entnimmt man folgende Werte.
Aus Anordnung 1, Meßstelle 0 und Meßstelle 4

$$\alpha = 90°, \quad \frac{F_2}{F_1} = 1$$

Druckverhältnis der einlaufenden Stoßwelle in F_1:

$$\frac{p_2}{p_1} = S_E = 2{,}3$$

Druckverhältnis der weiterlaufenden Stoßwelle in F_2:

$$\frac{p'_2}{p_1} = S_w = 2{,}16$$

Daraus folgt für diesen Fall ein Verhältnis der Stoßstärken des weiterlaufenden Stoßes zu der des einlaufenden Stoßes:

$$\frac{S_w}{S_E} = \frac{p'_2/p_1}{p_2/p_1} = \frac{2{,}16}{2{,}3} = 0{,}94$$

Aus Anordnung 2, Meßstelle 0 und Meßstelle 4

$$\alpha = 90°, \frac{F_2}{F_1} = 2$$

Druckverhältnis der einlaufenden Stoßwelle in F_1:

$$\frac{p_2}{p_1} = 2{,}3$$

Druckverhältnis der weiterlaufenden Stoßwelle in F_2:

$$\frac{p'_2}{p_1} = 1{,}49$$

Daraus folgt für diesen Fall:

$$\frac{S_w}{S_E} = \frac{1{,}49}{2{,}3} = 0{,}65$$

Für den Fall $\frac{F_2}{F_1} = 0$ erhält man nach der in 7.4 erläuterten Abschätzung für $\frac{p_2}{p_1} = 2{,}3$ ein Druckverhältnis der weiterlaufenden Welle $S_w = 3{,}25$. Somit erhält man hierfür:

$$\frac{S_w}{S_E} = \frac{3{,}25}{2{,}3} = 1{,}4.$$

Für den Fall $\frac{F_2}{F_1} \to \infty$ erhält man wegen $S \to 1$ einfach:

$$\frac{S_w}{S_E} = \frac{1}{2{,}3} = 0{,}435$$

Diese Werte sind in Abb. 27 zusammen mit den Werten für $\alpha = 0$ nach [15] aufgetragen. Aus dieser Darstellung wird deutlich, daß das Querschnittsverhältnis $\frac{F_2}{F_1}$ einen weit größeren Einfluß auf die Änderung der Stoßstärke hat als der Abknickwinkel α.

8. Zusammenfassung

Der Anlaufvorgang der Stoßausbreitung in Rohrverzweigungen wird an drei einfachen Anordnungen bei konstanter Stärke des einfallenden Stoßes untersucht. Das Strömungsfeld wird über ein Schlierenverfahren sichtbar gemacht und in Einzelaufnahmen mit Funkenlichtquelle festgehalten. Quantitative Messungen der Stoßbeugung werden mit einem »Differential«-Interferometer durchgeführt.

Es zeigt sich, daß die Stoßbeugung zum einen als einfache Meßmethode der Stoß-MACH-Zahl dienen kann, ohne daß man die Anfangszustände zu kennen braucht, zum anderen, daß allein aus der geometrischen Kontur Druck- und Geschwindigkeitsverlauf längs der gebeugten Stoßfront bestimmt werden kann.

In dem Anlaufvorgang kommt es zu heftigen Wechselwirkungen zwischen Stoß und Wirbel, in deren Verlauf der Stoß nach mehrmaliger Faltung in eine Dreistoß-Konfiguration übergeht. Der Wirbel dagegen wird durch den Stoß so stark gestört, daß er in eine Anzahl immer noch kräftiger Wirbel zerfällt.

Für einfache Verzweigungsanordnungen wird der Einfluß der Verzweigungsparameter auf die weitere Stoßentwicklung diskutiert und durch einige Druckmessungen belegt.

Für die Unterstützung dieser Arbeit sei dem Landesamt für Forschung beim Ministerpräsidenten des Landes Nordrhein-Westfalen besonders gedankt.

9. Literatur

[1] COURANT, R., und K. O. FRIEDRICHS, Supersonic Flow and Shock Waves. New York 1948.
[2] BRADLEY, J. N., Shock Waves in Chemistry and Physics. London 1962.
[3] SCHULTZ-GRUNOW, F., Über die MACHsche V-Ausbreitung. ZAMM Bd. 28 (1948), S. 30.
[4] SMITH, Mutual Reflection of Two Shock Waves of Arbritrary Strength. Phys. of Fluids 2 (1959), S. 533.
[5] STERNBERG, Triple Shock Intersection. Phys. of Fluids 2 (1959), S. 179.
[6] WUEST, W., Zur Theorie des gegabelten Verdichtungsstoßes. ZAMM Bd. 28 (1948), S. 73.
[7] WECKEN, F., Pseudostationäre Probleme. Tag.-Ber. Nr. 21/47, Ballist. Inst. St. Louis, 1947.
[8] WITHAM, G.B., A new approach to problems of shock dynamics. Part I Two-dimensional problems J. Fluid Mech. 2 (1957), S. 145.
[9] WITHAM, G. B., On the propagation of shock waves through regions of non-uniform area or flow. J. Fluid Mech. 4 (1958), S. 337.
[10] OSHIMA, Diffraction of a plane shockwave around a corner. ISAS Rep. 393 (1965).
[11] JONES, D. M., P. M. E. MARTIN und C. K. THORNHILL, A note on the pseudo-stationary flow behind a strong shock diffracted or reflected at a corner. Proc. Roy. Soc. Vol. 209 (1951), S. 238.
[12a] LUDLOFF, Theorie der Beugung von Stößen beliebiger Stärke. ZfW 9 (1961), S. 351.
[12b] LUDLOFF, FRIEDMANN, Dynamics of Blasts. Diffraction of Blast around Finite Corners J. Aeron. Sci. Vol. 22 (1955), S. 27.
[12c] LUDLOFF, FRIEDMANN, Difference solution of shock diffraction problems. J. Aeron. Sci. Vol. 22 (1955), S. 139.
[13] OGUCHI, HAKURO, KAWAMARU, Curved Shocks in Pseudo-stationary Flow. J. Aeron. Sci. Vol. 22 (1955), S. 210.
[14] MÜLLER, Zeitliches Abklingen der Störung nach der Umlenkung eines fortschreitenden Verdichtungsstoßes durch einen schwachen Knick in einem Kanal konstanten Querschnitts. ZfW 5 (1957), S. 114.
[15] DREIZLER, H., Eine theoretische und experimentelle Untersuchung des Einflusses von Gittern und Querschnittsänderungen in einem Kanal auf Stoßwellen. Diss., Freiburg (Breisgau) 1957.
[16] REICHENBACH, H., und H. DREIZLER, Das Verhalten von Stoßwellen in Gängen mit veränderlichen Querschnitten. Schriftreihe über zivilen Luftschutz, Heft 14.
[17] REICHENBACH, H., und W. MERZKIRCH, Untersuchungen über das Ähnlichkeitsverhalten einer instationären Wirbelspirale. ZfW 12 (1964), S. 219.
[18] RUDINGER, G., Passage of Shock Waves through Ducts of Variable Cross Section. Phys. of Fluids 3 (1960), S. 449.
[19] LONG, R. R., A Vortex in an Infinite Viscous Fluid. J. of Fluid Mech. 11 (1961), S. 611.
[20] HALL, M. G., und K. STEWARTSON, A theory for the core of a leading edge vortex. J. of Fluid Mech. 11 (1961), S. 209 und 215 (1963), S. 306.
[21] OSWATITSCH, K., Gasdynamik. Springer-Verlag, Wien (1952).
[22] DOSANJH, D. S., Interaction of a Starting Vortex as well as a Vortex Street with a Traveling Shock Wave. AIAA-Journal Vol. 3 (1965), S. 216.
[23] SCHARDIN, H., Das TOEPLERsche Schlierenverfahren. VDI-Forschungsheft 367, Berlin 1934.
[24] SCHARDIN, H., Die Schlierenverfahren und ihre Anwendung. Ergebn. d. exakt. Naturwissensch. XX, 1942.
[25] OERTEL, H., Ein Differentialinterferometer für Messungen im Hyperschallrohr. Techn. Mitt. T 17/61, Deutsch-Franz. Forschungsinst. St. Louis, 1961.

[26] KRAMER, C., Die Differentialinterferometrie als Meßverfahren der gasdynamischen Forschung. Abhandl. aus dem Aerodynam. Inst. der RWTH Aachen, Heft 18, 1965.
[27] ROTTENKOLBER, H., Neue einfache Interferenzverfahren und ihre Anwendung auf thermische Grenzschichten. Fortschr. Ber. VDI, Reihe 6, Nr. 8, 1965.
[28] SAAL, R., Der Entwurf von Filtern mit Hilfe des Kataloges normierter Tiefpässe. Herausgeber Telefunken.

Anhang

a) Tafeln

Tafel 1 Stoßausbreitung

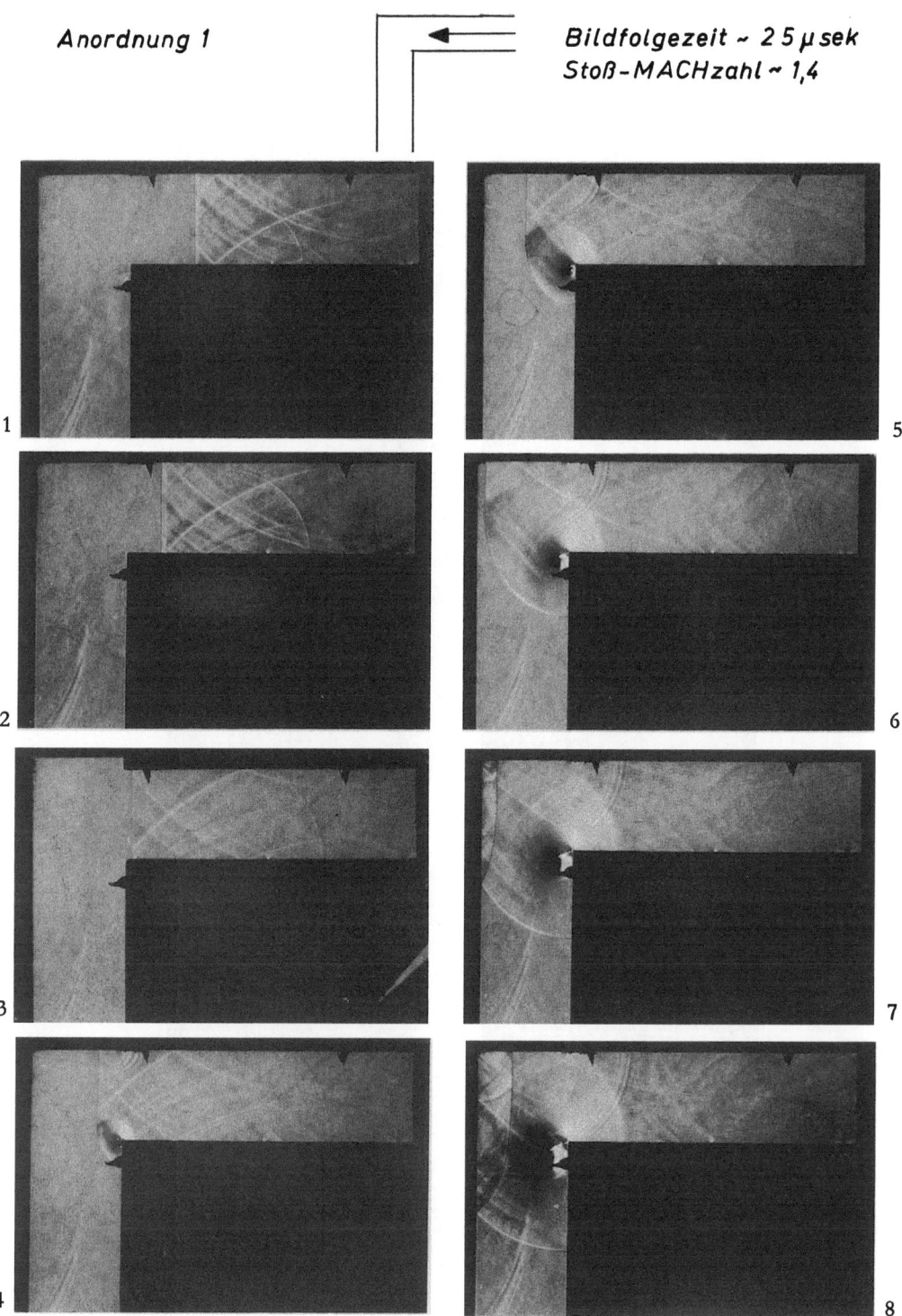

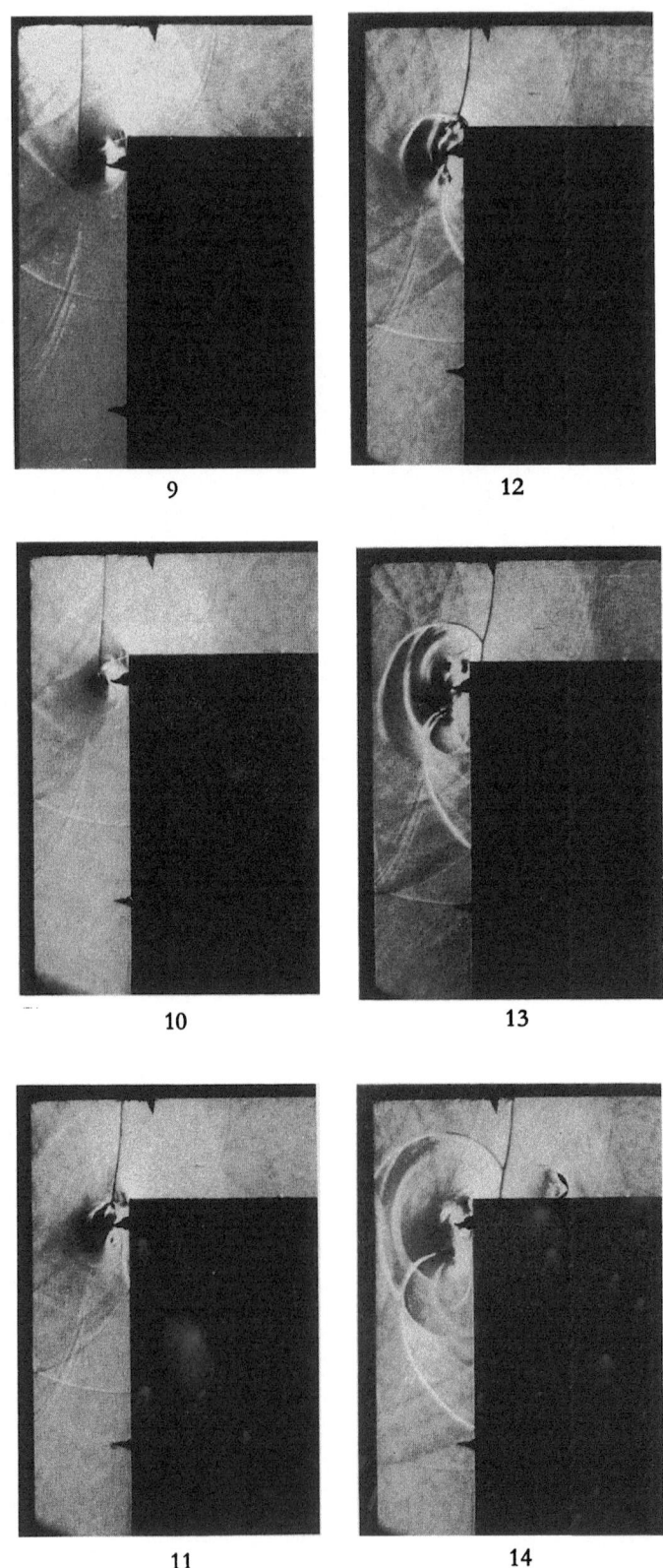

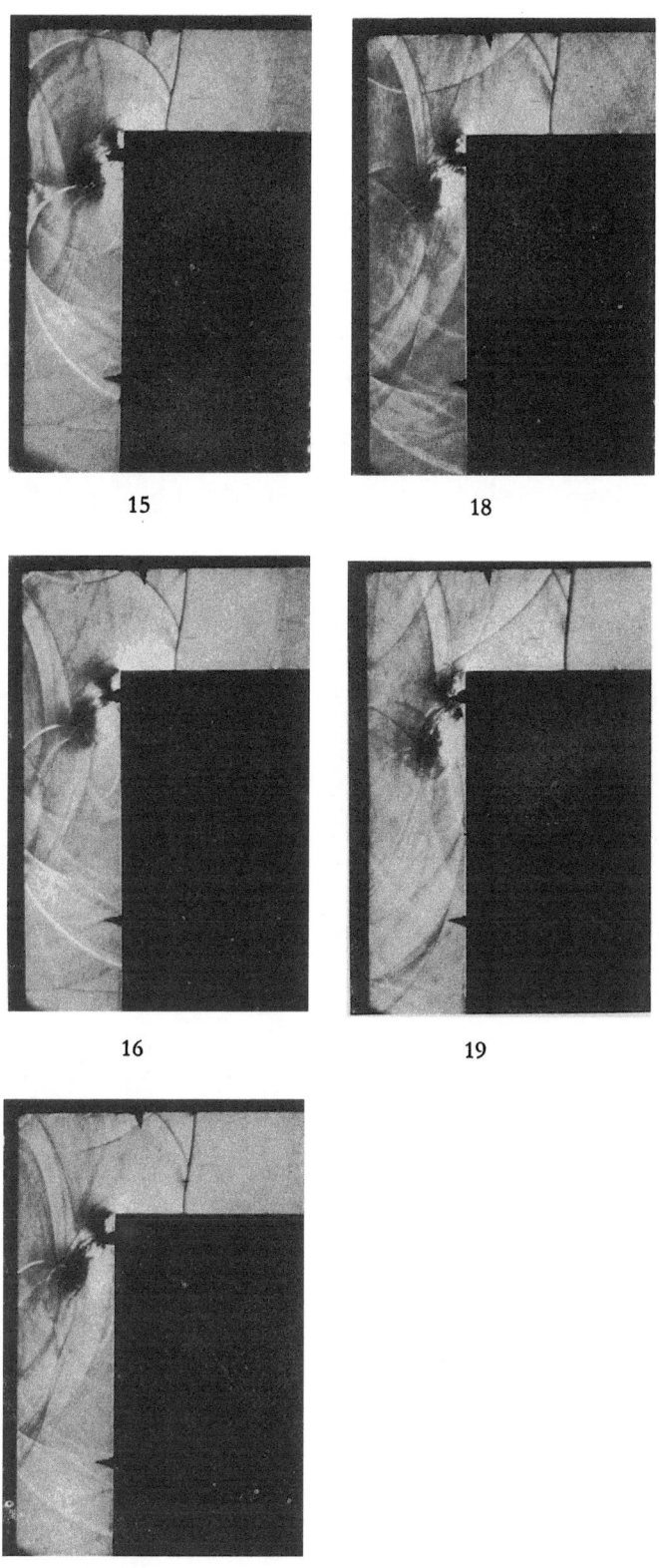

Tafel 2   Stoßausbreitung

Anordnung 2

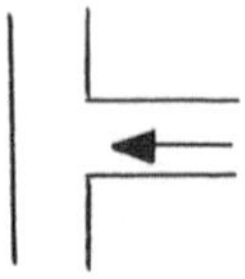

Bildfolgezeit ~ 25 µ sek
Stoß-MACHzahl ~ 1,4

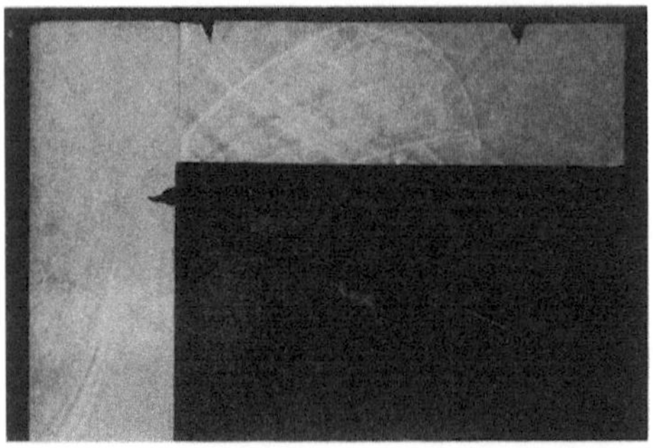

1

2

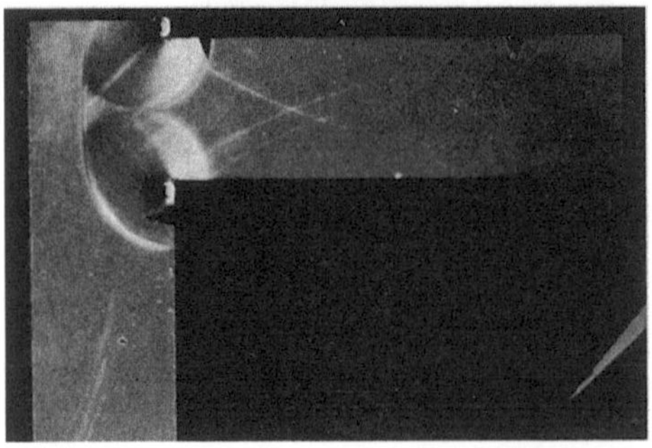

3

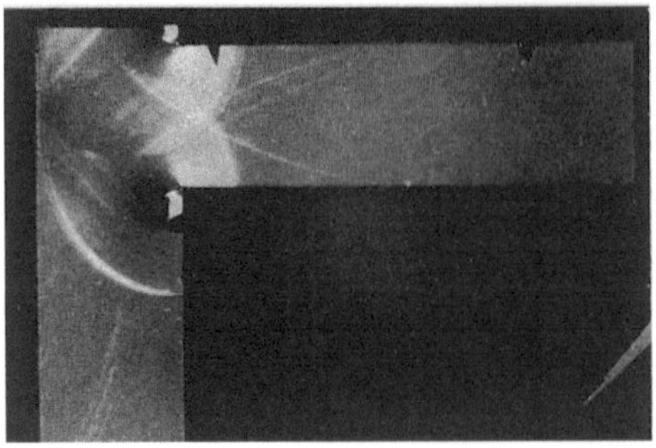

4

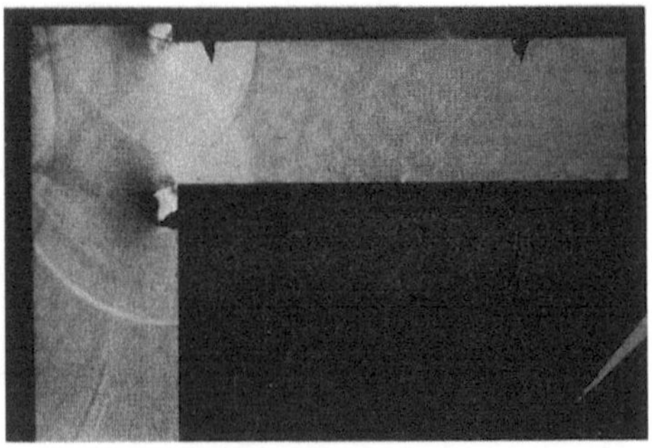

5

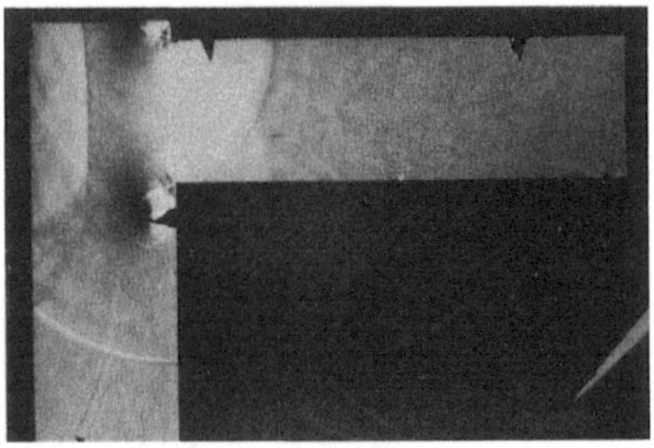

6

7

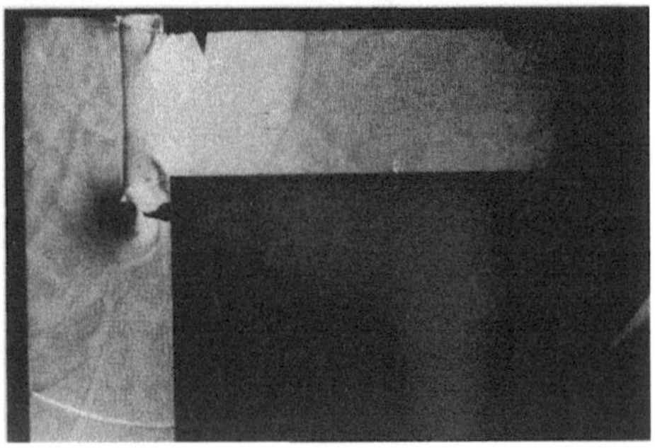

8

34

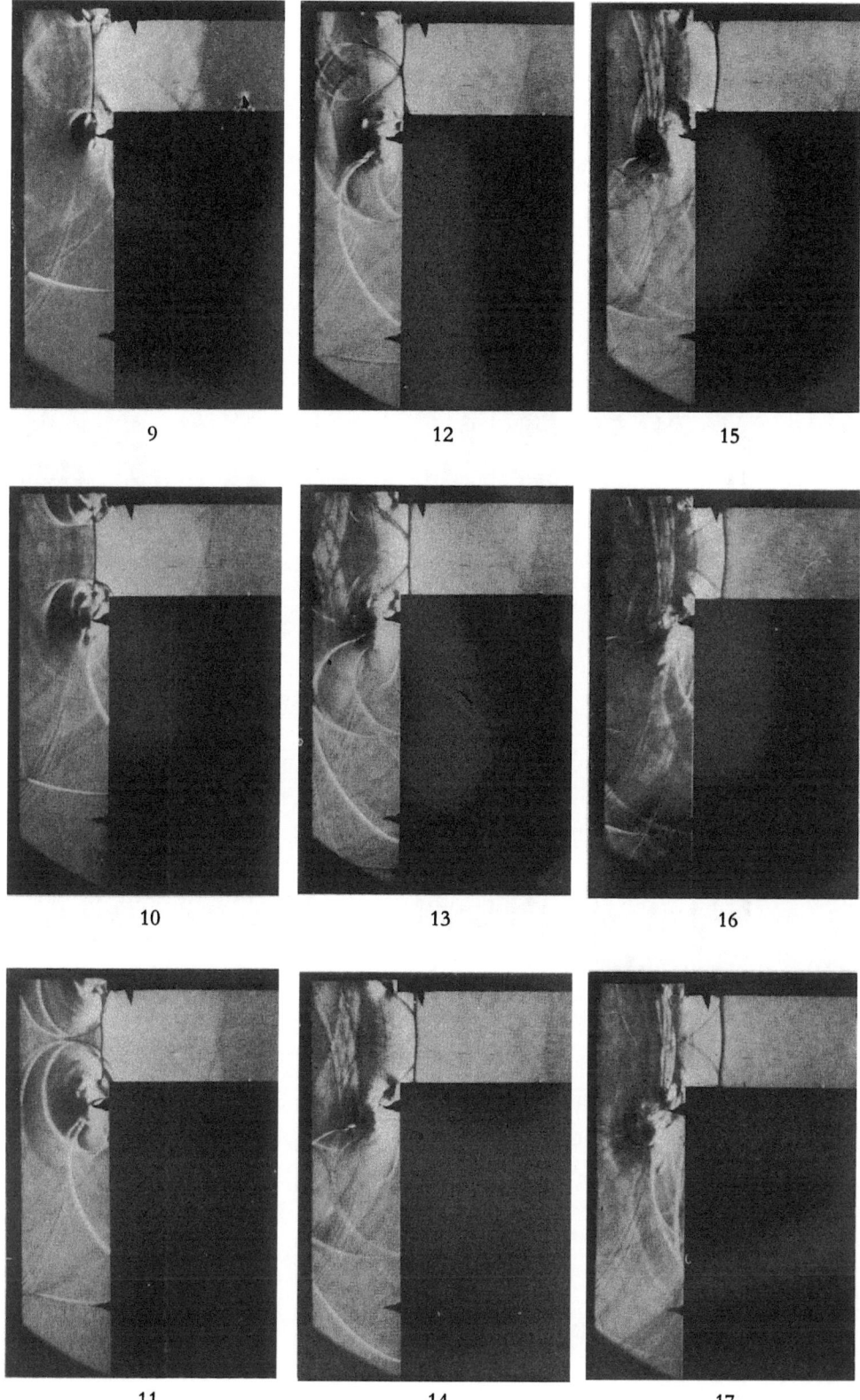

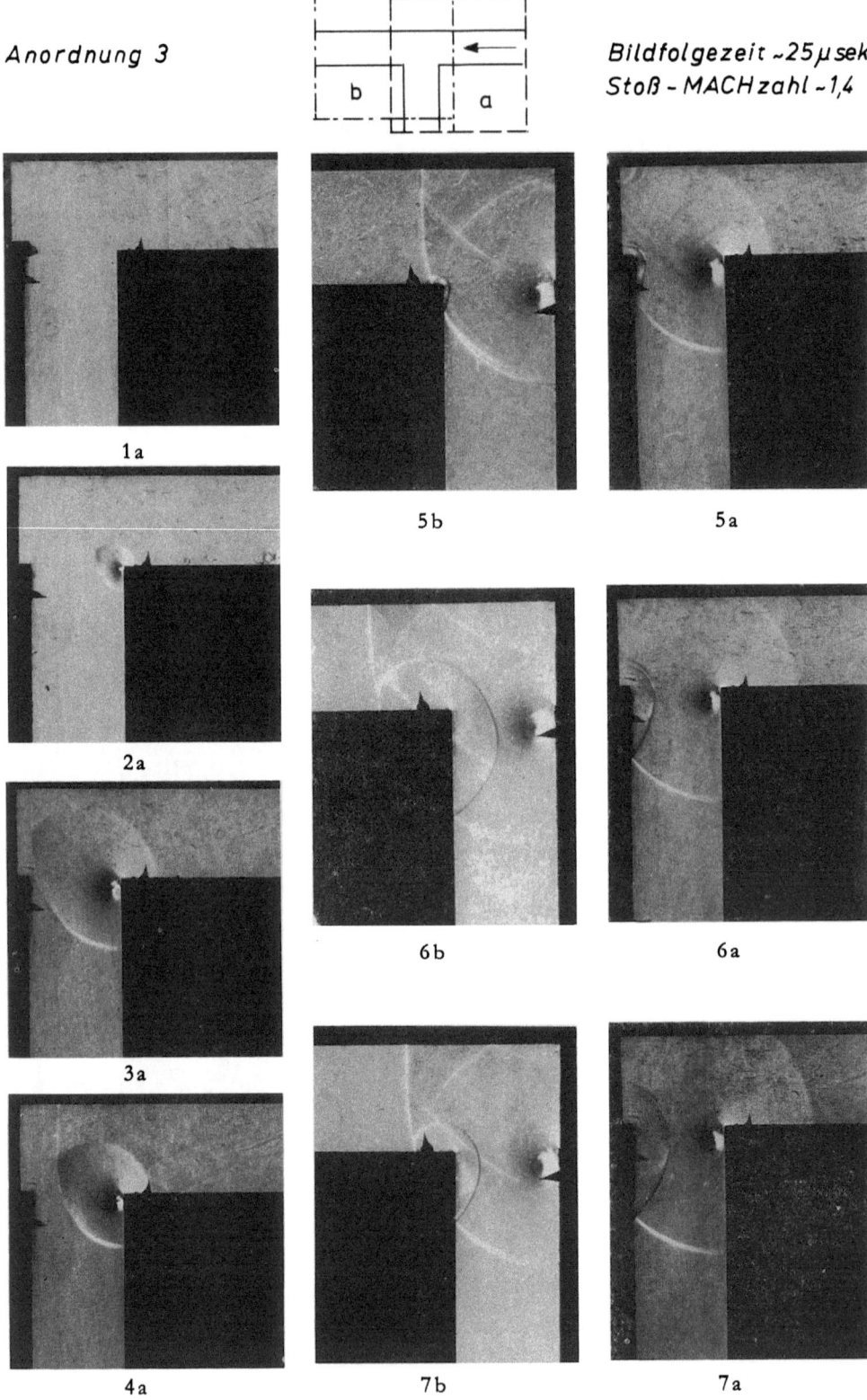

Tafel 3 Stoßausbreitung

Anordnung 3

Bildfolgezeit ~25 µsek
Stoß-MACHzahl ~1,4

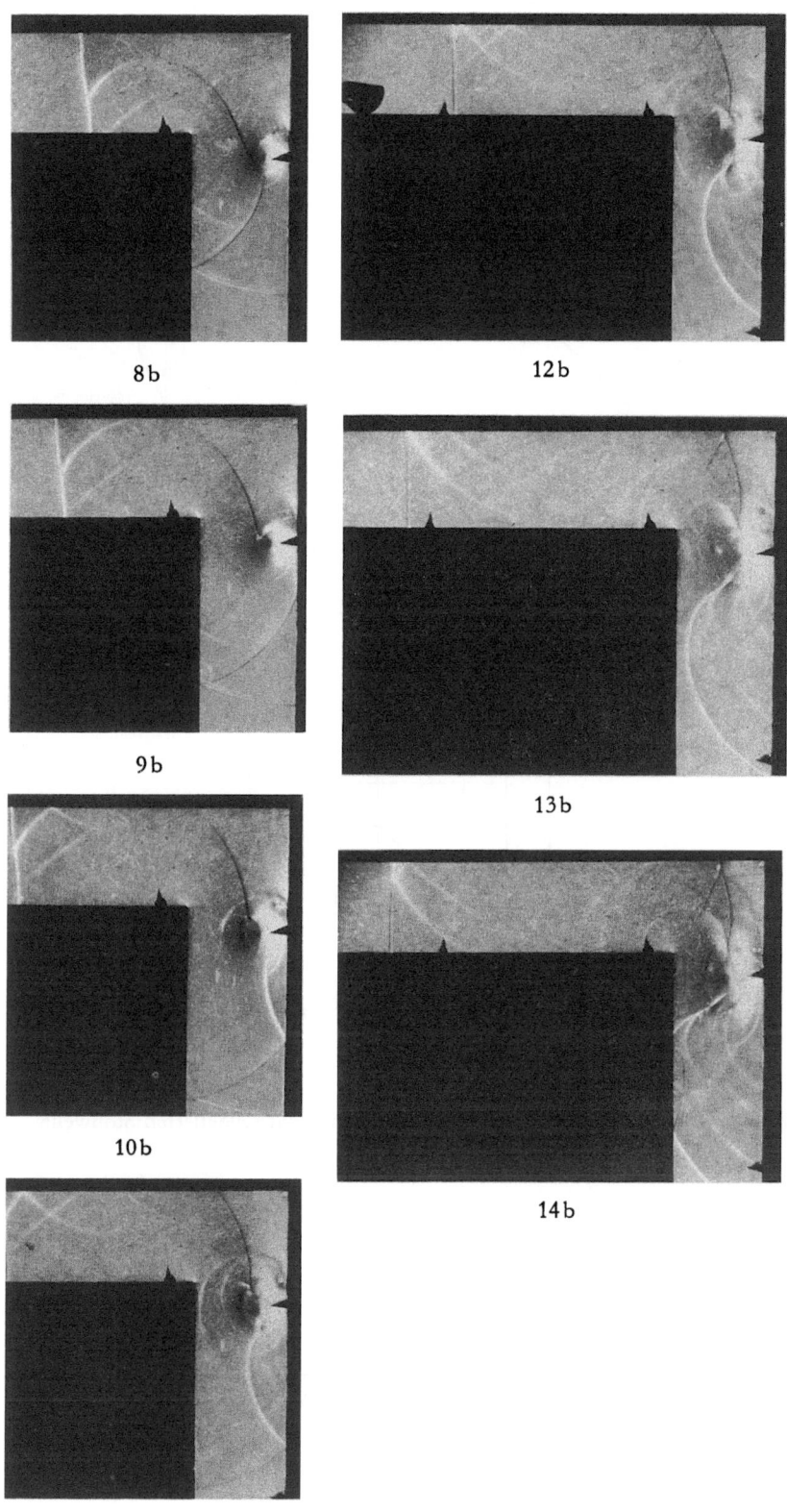

8b

12b

9b

13b

10b

14b

11b

b) Abbildungen

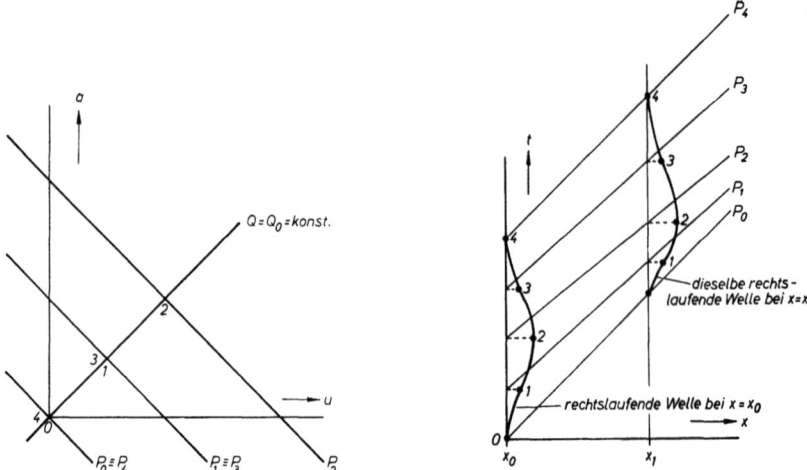

Abb. 1 Darstellung einer rechtslaufenden Welle in der Zustands-Ebene u, a und in der Weg-Zeit-Ebene x, t

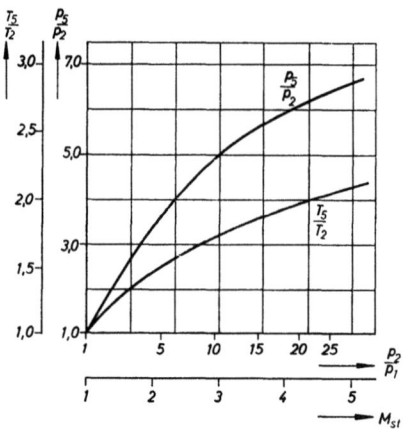

Abb. 2 Druck- und Temperaturverhältnis einer senkrecht reflektierten Stoßwelle

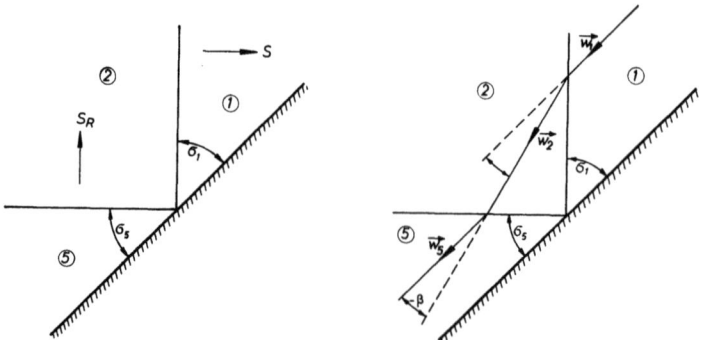

Abb. 3 Schräge Reflexion eines laufenden Verdichtungsstoßes

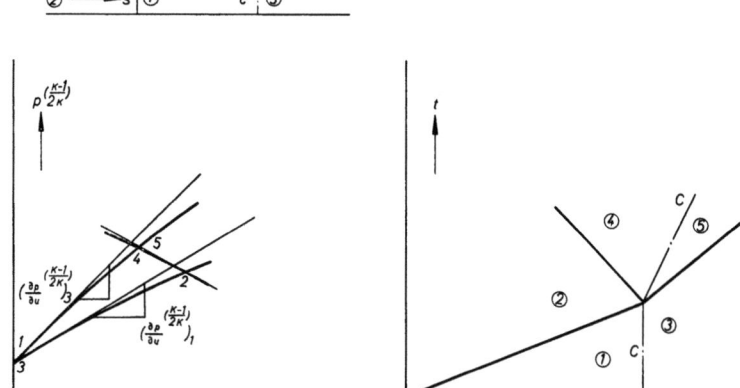

Abb. 4 Darstellung der Wechselwirkung zwischen Stoßwelle und Kontaktfläche in der Zustands-Ebene und Weg-Zeit-Ebene

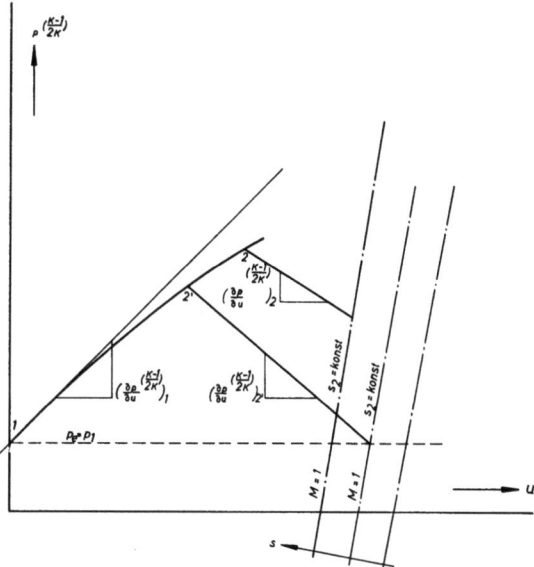

Abb. 5 Darstellung der Stoßreflexion an einem offenen Rohrende in der Zustandsebene

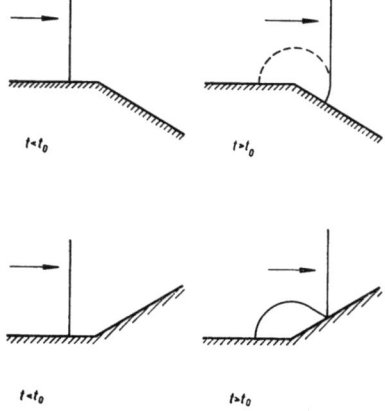

Abb. 6 Beugung einer akustischen Welle an einer konvexen und einer konkaven Ecke

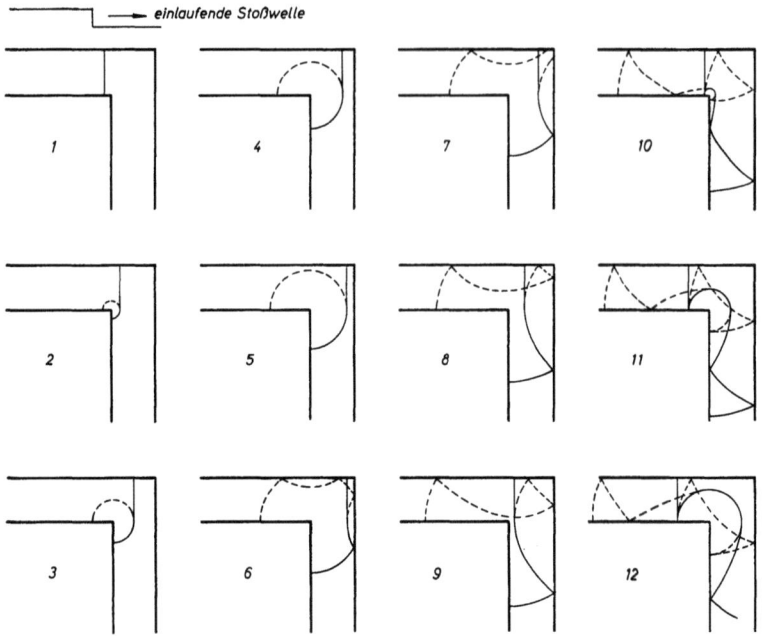

Abb. 7   Ausbreitung einer akustischen Welle in einem rechtwinklig abgeknickten Kanal

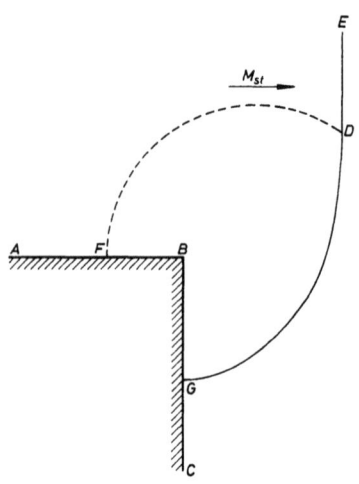

Abb. 8   Beugung einer Stoßwelle bei $M_{st} < 2{,}068$

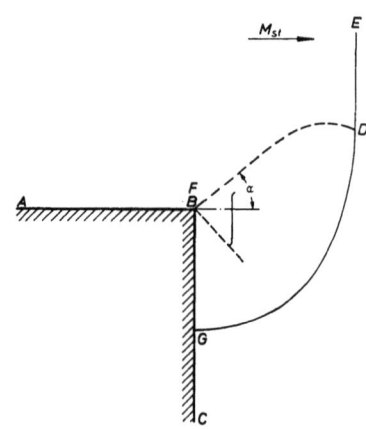

Abb. 9   Beugung einer Stoßwelle bei $M_{st} > 2{,}068$

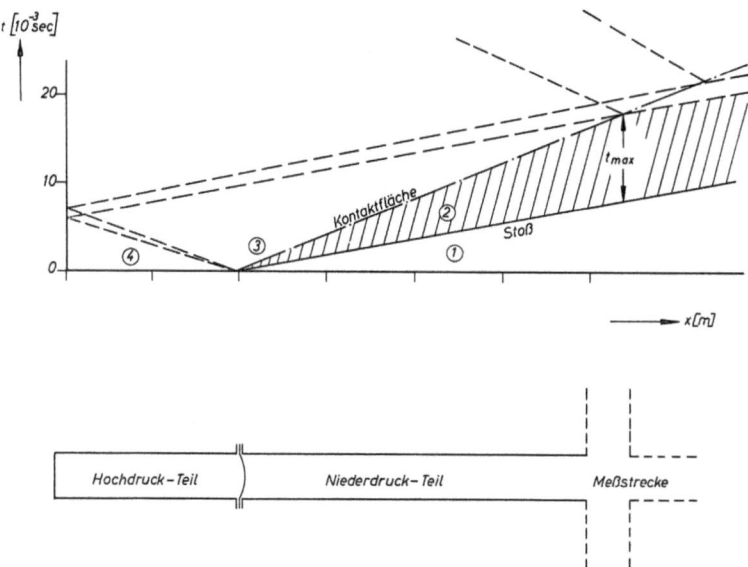

Abb. 10 Weg-Zeit-Diagramm zur Dimensionierung der Versuchsanlage

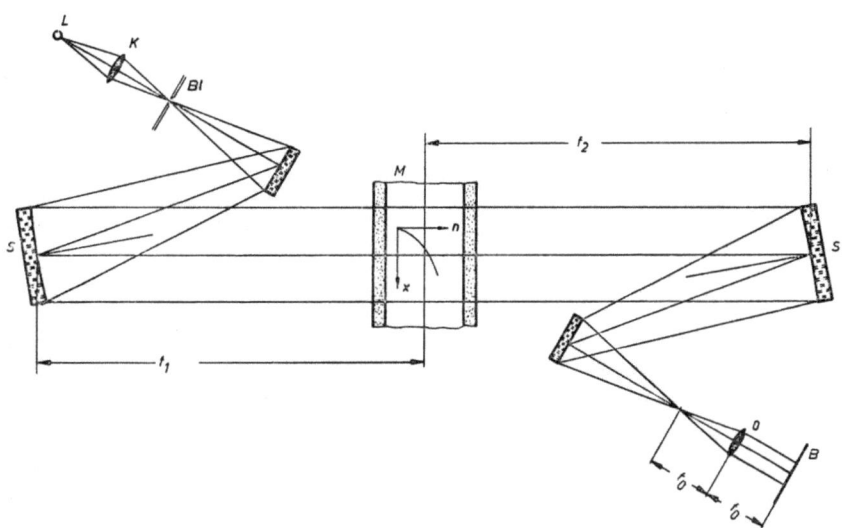

Abb. 11 Grundaufbau für optische Untersuchungen

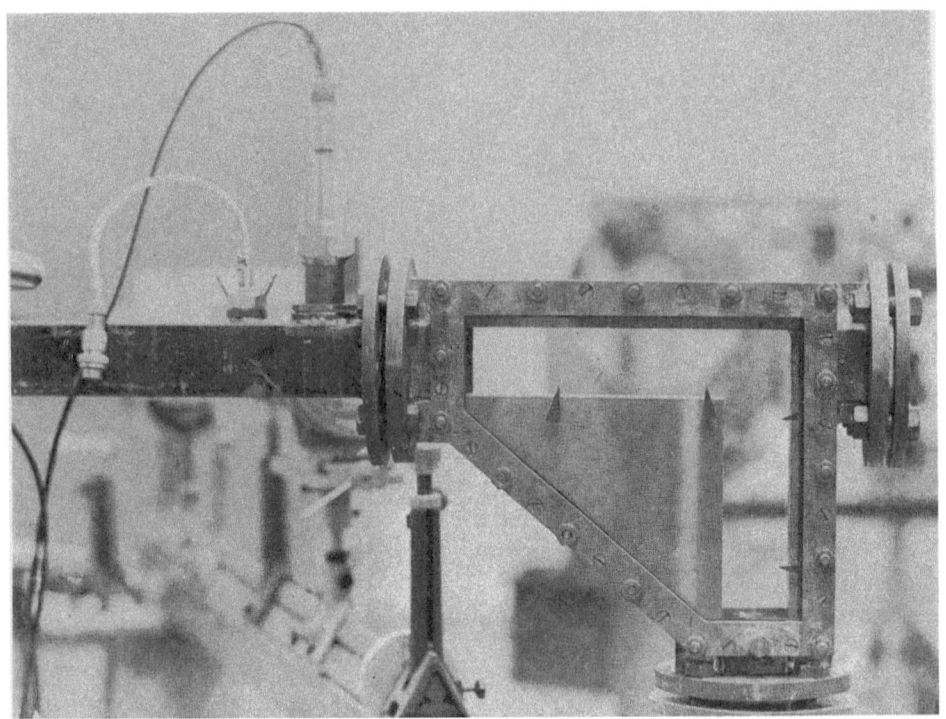

Abb. 12   Meßkammer für optische Untersuchungen

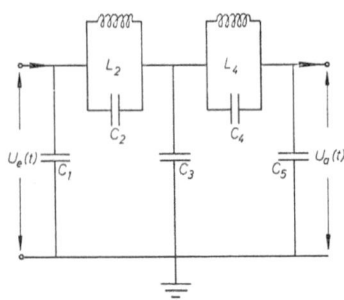 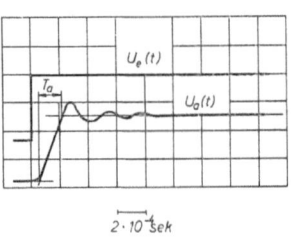

Abb. 13   Tiefpaß-Filter: Aufbau und Übergangsfunktion
(Sperrfrequenz $f_{sp} = 5{,}4$ kHz)

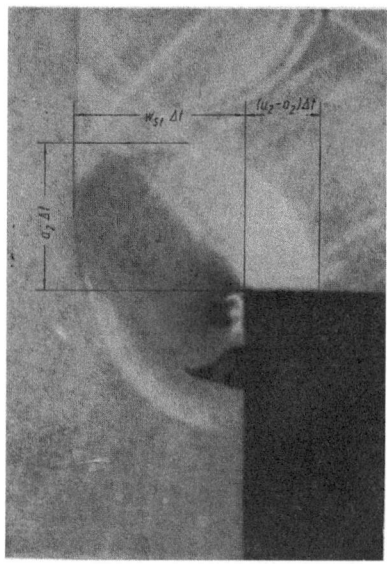

Abb. 14 Schlierenaufnahme einer gebeugten Stoßwelle mit eingetragenen charakteristischen Längen

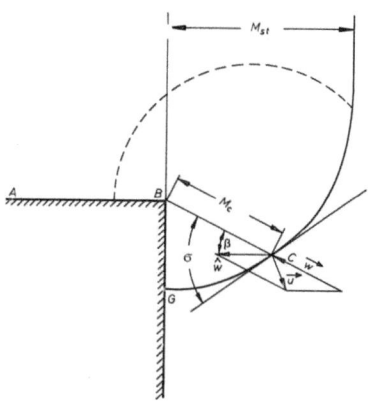

Abb. 15 Beziehungen zwischen stationärer und pseudostationärer Stoßfront

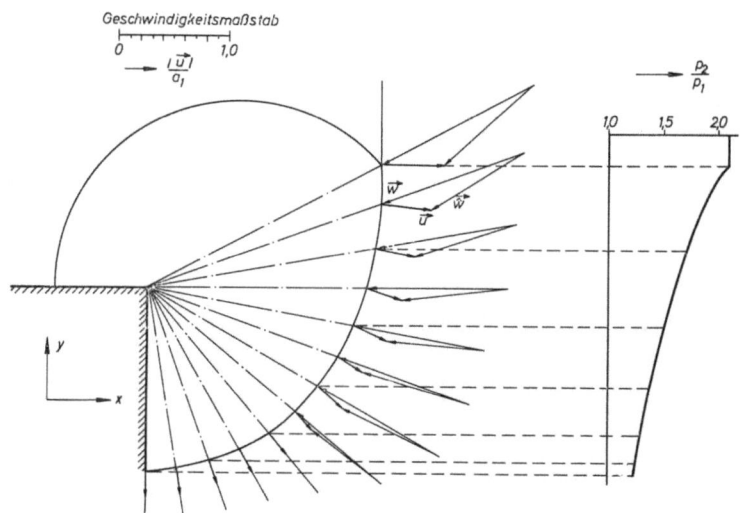

Abb. 16 Geschwindigkeits- und Druckverlauf längs einer gebeugten Stoßwelle

43

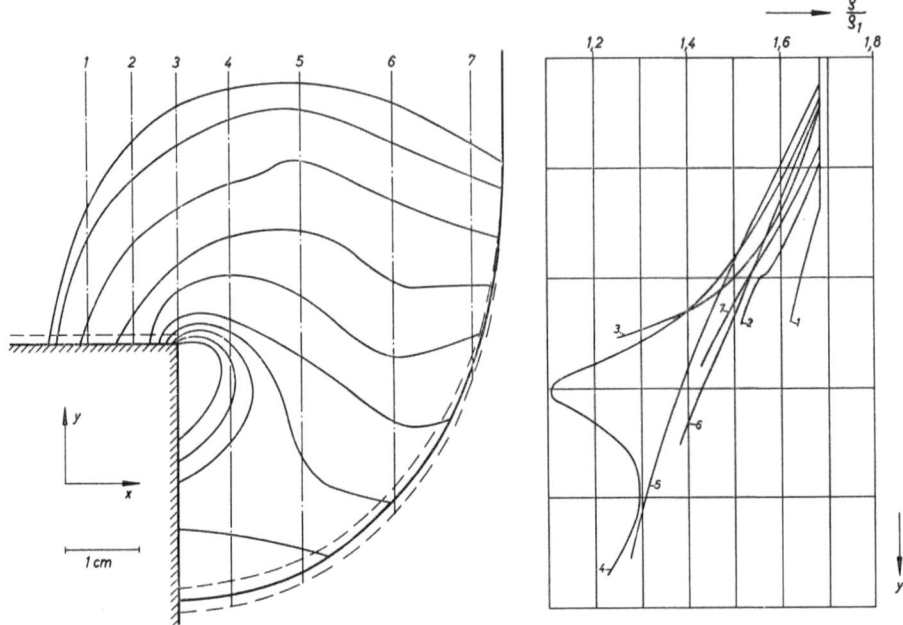

Abb. 17   Dichteverlauf im Beugungsgebiet. Auswertung eines »Differential«-Interferogramms. Die Linien $\varrho =$ konst. wurden aus den Auswertungen längs der Geraden 1–7 (rechts) gewonnen.

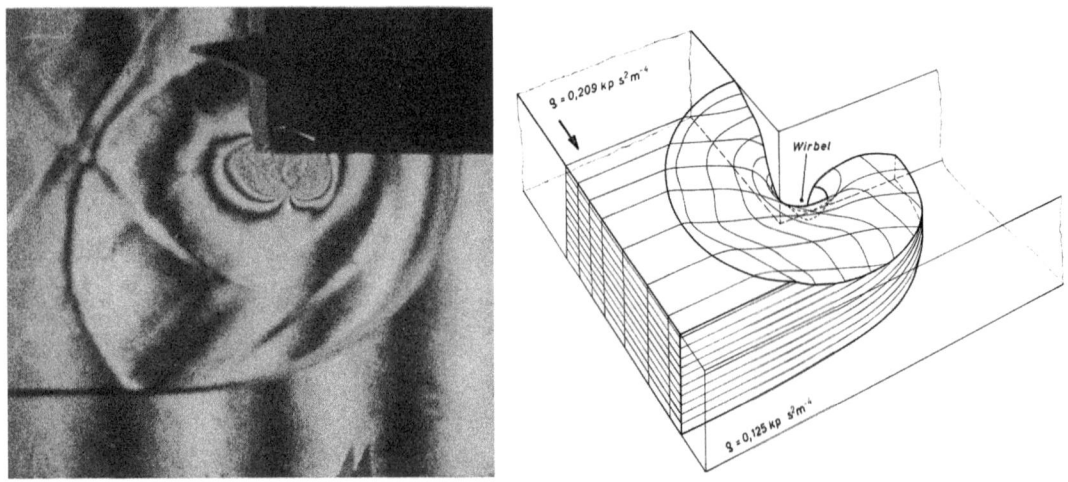

Abb. 18   »Differential«-Interferogramm und räumliche Darstellung des Dichteprofils

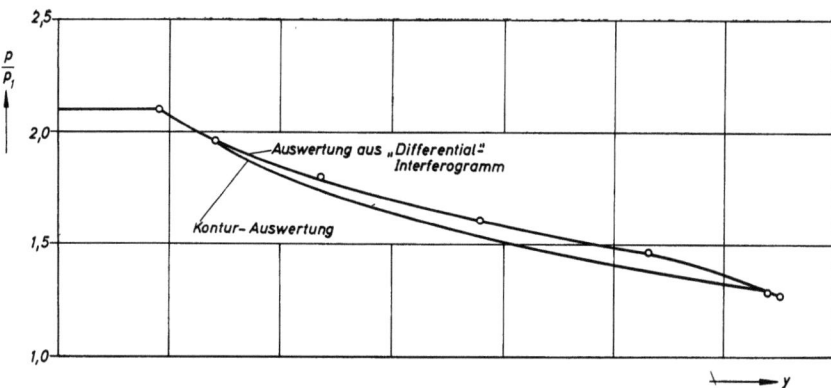

Abb. 19 Vergleich des aus der Stoßkontur gerechneten und des interferometrisch gemessenen Druckverlaufes längs der Stoßkontur

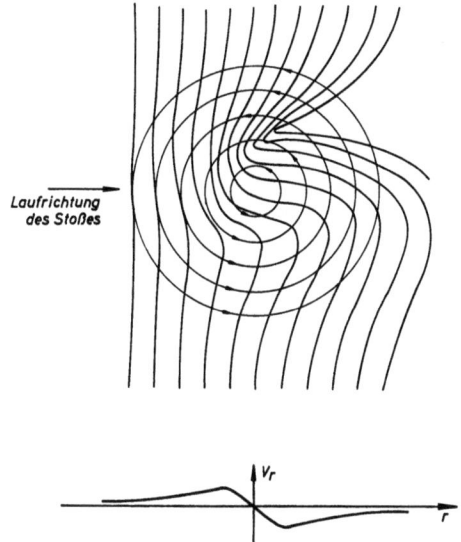

Abb. 20 Deformation einer Stoßwelle in einem Wirbel (schematisch)

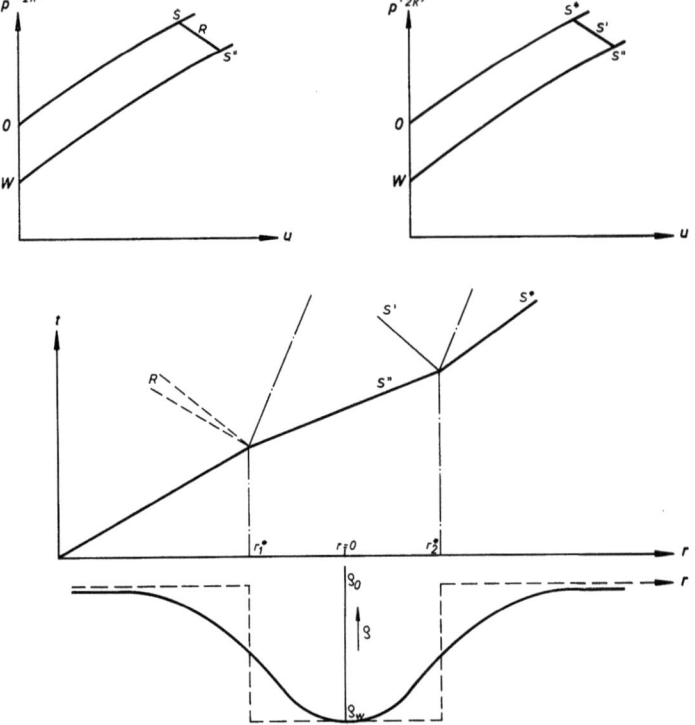

Abb. 21 Darstellung der Wechselwirkung einer Stoßwelle mit einem »eingefrorenen« Wirbel im Weg-Zeit- und Zustandsdiagramm

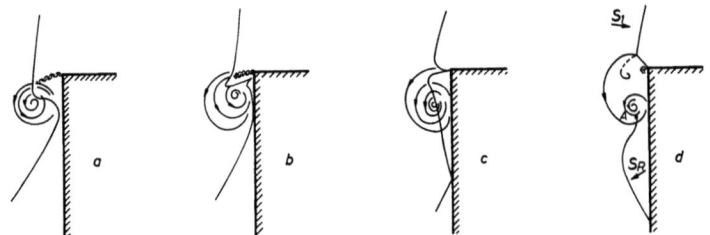

Abb. 22 Wechselwirkung eines Verdichtungsstoßes mit einem gebundenen Wirbel

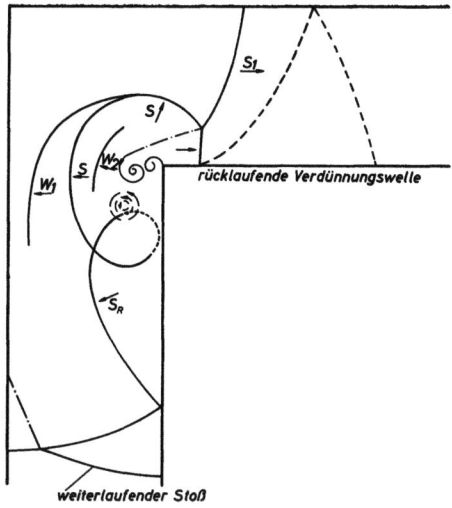

Abb. 23 Erläuterung zu Bild 13 auf Tafel T1

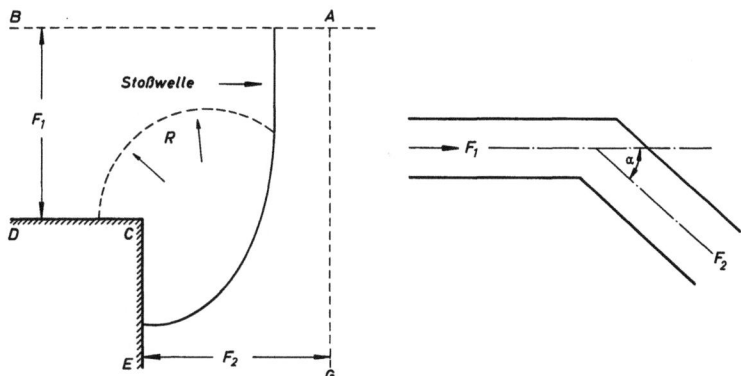

Abb. 24 Einfachster Fall einer Verzweigung
Parameter sind der Winkel α und das Querschnittsverhältnis F_2/F_1

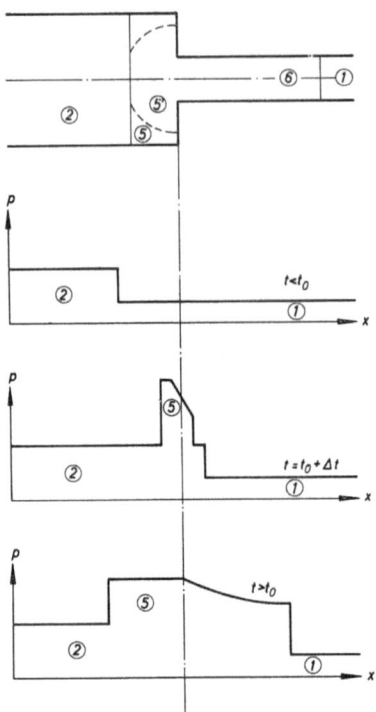

Abb. 25 Näherungsweise Berechnung der Zustände bei einer Querschnittsverengung

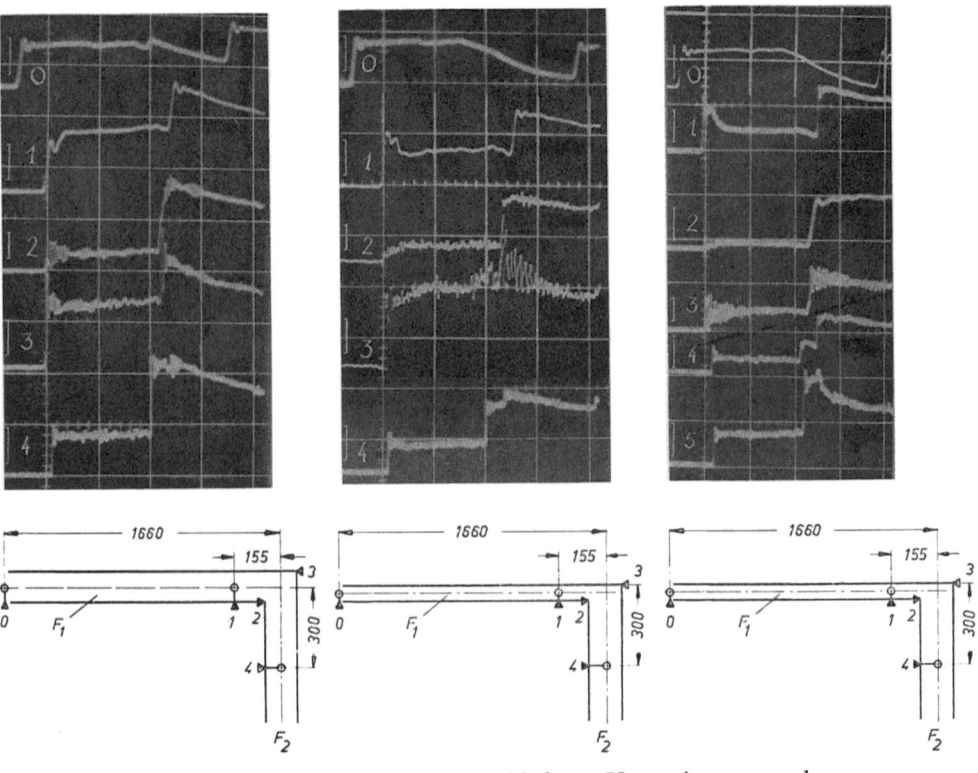

Abb. 26 Gemessene Druckverläufe in drei verschiedenen Verzweigungsanordnungen

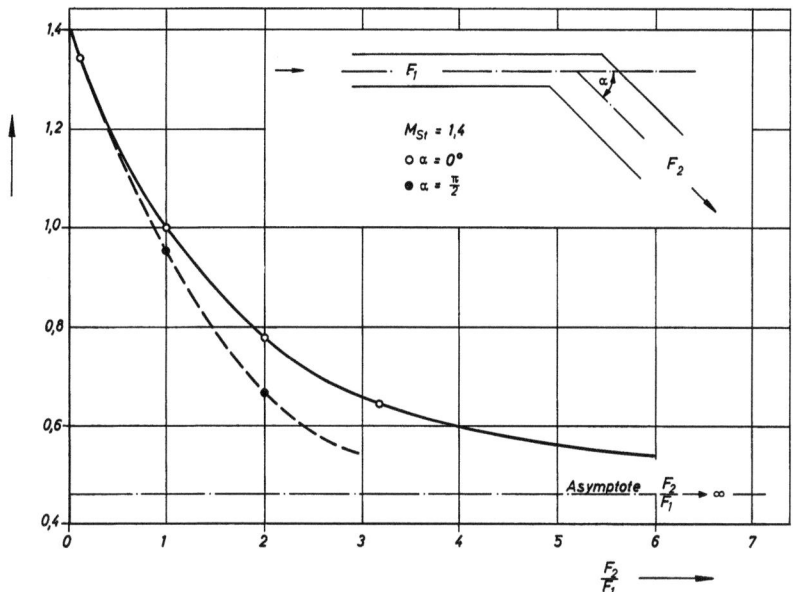

Abb. 27 Einfluß des Flächenverhältnisses F_2/F_1 und des Abknickwinkels α auf die Stärke der weiterlaufenden Stoßwelle

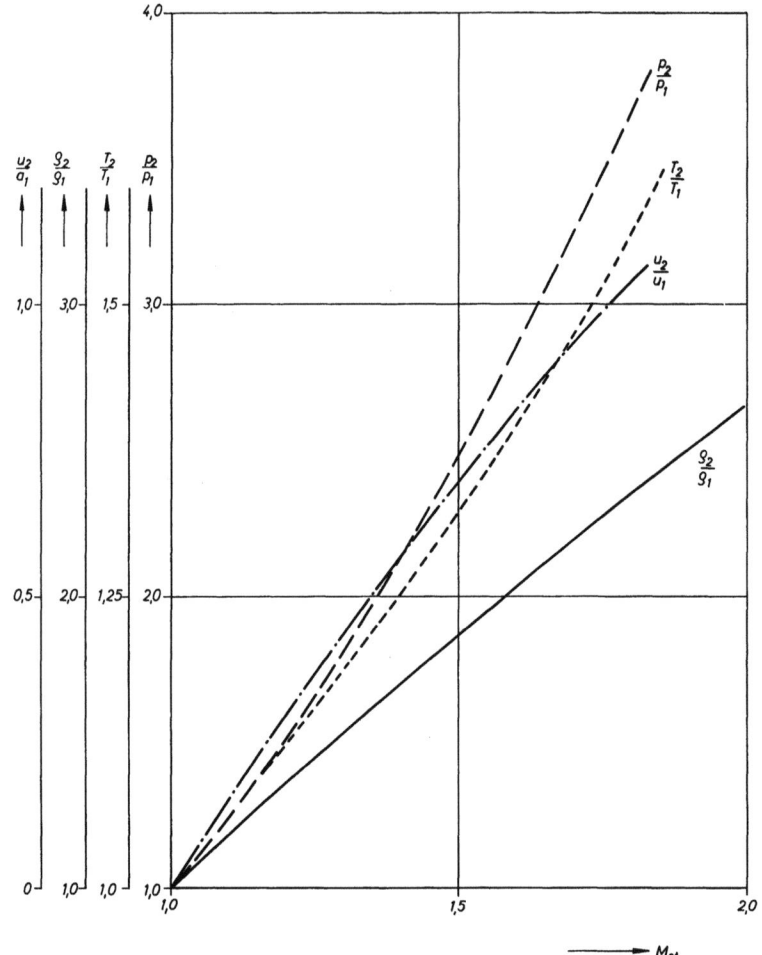

Diagramm 1   Verhältnisse der Zustandsgrößen vor und hinter einer ebenen Stoßwelle

Forschungsberichte des Landes Nordrhein-Westfalen

Herausgegeben im Auftrage des Ministerpräsidenten Heinz Kühn
von Staatssekretär Professor Dr. h. c. Dr. E. h. Leo Brandt

Sachgruppenverzeichnis

Acetylen · Schweißtechnik
Acetylene · Welding gracitice
Acétylène · Technique du soudage
Acetileno · Técnica de la soldadura
Ацетилен и техника сварки

Arbeitswissenschaft
Labor science
Science du travail
Trabajo científico
Вопросы трудового процесса

Bau · Steine · Erden
Constructure · Construction material ·
Soil research
Construction · Matériaux de construction ·
Recherche souterraine
La construcción · Materiales de construcción ·
Reconocimiento del suelo
Строительство и строительные материалы

Bergbau
Mining
Exploitation des mines
Minería
Горное дело

Biologie
Biology
Biologie
Biologia
Биология

Chemie
Chemistry
Chimie
Quimica
Химия

Druck · Farbe · Papier · Photographie
Printing · Color · Paper · Photography
Imprimerie · Couleur · Papier · Photographie
Artes gráficas · Color · Papel · Fotografía
Типография · Краски · Бумага · Фотография

Eisenverarbeitende Industrie
Metal working industry
Industrie du fer
Industria del hierro
Металлообрабатывающая промышленность

Elektrotechnik · Optik
Electrotechnology · Optics
Electrotechnique · Optique
Electrotécnica · Optica
Электротехника и оптика

Energiewirtschaft
Power economy
Energie
Energía
Энергетическое хозяйство

Fahrzeugbau · Gasmotoren
Vehicle construction · Engines
Construction de véhicules · Moteurs
Construcción de vehículos · Motores
Производство транспортных средств

Fertigung
Fabrication
Fabrication
Fabricación
Производство

Funktechnik · Astronomie
Radio engineering · Astronomy
Radiotechnique · Astronomie
Radiotécnica · Astronomía
Радиотехника и астрономия

Gaswirtschaft
Gas economy
Gaz
Gas
Газовое хозяйство

Holzbearbeitung
Wood working
Travail du bois
Trabajo de la madera
Деревообработка

Hüttenwesen · Werkstoffkunde
Metallurgy · Materials research
Métallurgie · Matériaux
Metalurgia · Materiales
Металлургия и материаловедение

Kunststoffe
Plastics
Plastiques
Plásticos
Пластмассы

Luftfahrt · Flugwissenschaft
Aeronautics · Aviation
Aéronautique · Aviation
Aeronáutica · Aviación
Авиация

Luftreinhaltung
Air-cleaning
Purification de l'air
Purificación del aire
Очищение воздуха

Maschinenbau
Machinery
Construction mécanique
Construcción de máquinas
Машиностроительство

Mathematik
Mathematics
Mathématiques
Matemáticas
Математика

Medizin · Pharmakologie
Medicine · Pharmacology
Médecine · Pharmacologie
Medicina · Farmacología
Медицина и фармакология

NE-Metalle
Non-ferrous metal
Metal non ferreux
Metal no ferroso
Цветные металлы

Physik
Physics
Physique
Física
Физика

Rationalisierung
Rationalizing
Rationalisation
Racionalización
Рационализация

Schall · Ultraschall
Sound · Ultrasonics
Son · Ultra-son
Sonido · Ultrasónico
Звук и ультразвук

Schiffahrt
Navigation
Navigation
Navegación
Судоходство

Textilforschung
Textile research
Textiles
Textil
Вопросы текстильной промышленности

Turbinen
Turbines
Turbines
Turbinas
Турбины

Verkehr
Traffic
Trafic
Tráfico
Транспорт

Wirtschaftswissenschaften
Political economy
Economie politique
Ciencias económicas
Экономические науки

Einzelverzeichnis der Sachgruppen bitte anfordern

Westdeutscher Verlag · Opladen
567 Opladen/Rhld., Ophovener Straße 1–3, Postfach 1620